陆相致密油甜点评价技术

郭彬程　李长喜　卢明辉　詹路锋◎等著

石油工业出版社

内 容 提 要

本书围绕陆相致密油"甜点"评价，主要介绍了以地质、工程和经济"甜点"三因素为核心的致密油"甜点"定义与内涵，阐述了中国陆相特色的致密油"甜点"分级评价参数体系、方法和标准，致密油"甜点"测井三品质评价技术系列，致密油烃源岩、储层"甜点"预测、工程品质评价等地震预测技术系列，以及基于多学科、多专业融合与大数据分析，建立陆相特色的致密油"甜点"综合评价优选方法体系等内容，并以实例形式介绍了该套致密油"甜点"评价方法和技术在鄂尔多斯盆地、松辽盆地、准噶尔盆地等主要致密油区的应用和实际效果。

本书可供从事致密油研究的勘探、开发和工程技术人员参考阅读。

图书在版编目（CIP）数据

　　陆相致密油甜点评价技术 / 郭彬程等著 . —北京：石油工业出版社，2023.6
　　ISBN 978-7-5183-5552-5

　　Ⅰ . ①陆… Ⅱ . ①郭… Ⅲ . ①陆相油气田 – 致密砂岩 – 研究 Ⅳ . ① P618.130.2

　　中国版本图书馆 CIP 数据核字（2022）第 152811 号

出版发行：石油工业出版社
　　　　　（北京安定门外安华里 2 区 1 号　100011）
　　　　　网　　址：www.petropub.com
　　　　　编辑部：（010）64253017　图书营销中心：（010）64523633
经　　销：全国新华书店
印　　刷：北京中石油彩色印刷有限责任公司

2023 年 6 月第 1 版　2023 年 6 月第 1 次印刷
787×1092 毫米　开本：1/16　印张：13.75
字数：240 千字

定价：150.00 元
（如出现印装质量问题，我社图书营销中心负责调换）
版权所有，翻印必究

前言

据美国能源信息署（EIA）2013年发布的一份关于41个国家致密油技术可采资源量评估报告数据，全球致密油技术可采资源评估量位列前10名的国家共计$473×10^8$t，致密油资源潜力大，目前已成为勘探开发热点。其中，美国和加拿大致密油勘探开发快速发展，是全球主要的致密油生产国。2008年以来，美国通过技术进步、管理创新和国家政策支持，开发完全成本逐步从60美元/bbl降低到35美元/bbl以下，实现了致密油开发的大发展，致密油产量占美国总产量的近50%。美国致密油快速发展助推其能源独立，改变了世界油气供应格局，成为全球致密油勘探开发典范。中国近年来原油年产量在$1.9×10^8$t左右徘徊，对外依存度超过70%，能源安全备受关注。与此同时，随着中国主要含油气盆地勘探程度的提高，石油资源勘探面临的挑战越来越大，勘探对象由构造油气藏、岩性油气藏逐渐向近源石油资源勘探目标转移。致密油作为中国石油勘探开发的重要资源，勘探潜力大，"十二五"以来，在鄂尔多斯、松辽、准噶尔等重点盆地多层系取得重要突破，已经成为中国陆上非常规石油最重要的勘探领域和石油探明地质储量增长的重要补充，并实现了工业开发。但是，中国陆相致密油与北美地区相比，具有"岩石类型复杂，储层非均质性强、物性偏差，油质偏重、气油比偏低，压力系数变化大"等诸多特点，大多数致密油区的单井产量低、规模开采难、基本无效益，在勘探评价技术方面面临着诸多挑战。

中国陆相沉积盆地的复杂性决定致密油的形成地质条件和评价选区的复杂性和特殊性，这也决定了不能照搬国外海相致密油的地质理论与勘探评价技术。在国际油价处于低位时，要实现致密油有效勘探开发，会面临着一系列挑战。例如，陆相沉积盆地致密油"甜点"区控制因素多、致密储层非均质性强，"甜点"区评价指标如何建立？陆相沉积盆地致密储层岩石介质模型复杂，如何利用地球物理技术解决物性、含油性、脆性预测等一系列面临的技术难题？不同类型致密油"甜点"主控因素复杂，勘探程度和资料占有情况不同，如何选取实用性强的致密油"甜点"区预测方法和技术等。为此，作者依托"十三五"国家科技重大专项"大型油气田及煤层气开发"项目"致密油富集规律与勘探开发关键技术"（2016ZX05046）课题"致密油'甜点'预测方法与'甜点'区评价"（2016ZX05046-002），组织专业人员开展致密油"甜点"评价选区标准、评价技术和方法等方面研究，形成了陆相致密油"甜点"评价技术系列。以此为基础，本书围绕致密油"甜点"评价主要介绍了以地质、工程和经济"甜点"三因素为核心的致密油"甜点"定义与内涵，阐述了中国陆相特色的致密油"甜点"分级评价参数体系、方法和标准，致密油"甜点"测井三品质评价技术系列，致密油烃源岩、储层"甜点"预测、工程品质评价等地震预测技术系列，以及基于多学科、多专业融合与大数据分析，建立陆相特色的致密油"甜点"综合评价优选方法体系等内容。本书最后以实例形式介绍了该套致密油"甜点"评价方法和技术在鄂尔多斯、松辽、准噶尔等盆地主要致密油区的应用和实际效果。

  本书具体撰写分工如下：前言由郭彬程撰写；第一章由郭彬程、李百强和梁晓伟等撰写，第二章由郭彬程、詹路锋、胡勇、张春明和杨涛等撰写；第三章由李长喜、胡法龙等撰写；第四章由卢明辉、晏信飞等撰写；第五章由詹路锋、郭彬程等撰写；第六章由詹路锋、郭彬程、李长喜、卢明辉和杨轩等撰写；结束语由郭彬程撰写；全书由郭彬程统稿。在技术研发和应用及本书撰写过程中，得到了中国石油勘探开发研究院和长庆、新疆、大庆、吉林、大港、西南、吐哈相关油（气）田及川庆钻探等单位领导和专家的大力支持，也得到了胡素云、陈志勇、顾家裕、宋建国、李莉、张福东、赵力民、姚逢昌、何文祥、杨立峰、陈福利、白喜俊和向平虎等教授和专家在技术上的指导和帮助，在此一并谢忱。

  书中不妥之处，敬请读者不吝指正。

目录

第一章　致密油"甜点"形成条件与类型 — 1
第一节　致密油概念与"甜点"内涵 — 1
第二节　致密油"甜点"形成地质条件 — 3
第三节　致密油"甜点"类型及特征 — 8

第二章　致密油"甜点"评价指标体系 — 16
第一节　致密油"甜点"主控因素分析 — 16
第二节　致密油"甜点"评价参数 — 27
第三节　致密油"甜点"分级评价指标 — 32

第三章　致密油"甜点"测井评价技术 — 53
第一节　致密油"甜点"测井评价技术现状 — 53
第二节　烃源岩品质测井评价方法 — 56
第三节　储层品质测井评价方法 — 68
第四节　工程品质测井评价方法 — 95
第五节　致密油"甜点"测井评价方法 — 101

第四章　致密油"甜点"地震预测技术 — 106
第一节　致密油"甜点"地震预测技术现状 — 106
第二节　混积岩型致密油"甜点"地震预测技术 — 113
第三节　碎屑岩型致密油"甜点"地震预测技术 — 123

第五章 致密油"甜点"区评价优选技术 ··········· 141

第一节 致密油"甜点"区评价方法现状 ············ 141
第二节 致密油"甜点"区评价优选方法 ············ 145
第三节 基于EUR的致密油"甜点"区评价 ·········· 154

第六章 致密油"甜点"评价关键技术应用 ············ 158

第一节 致密油"甜点"测井评价技术应用 ··········· 158
第二节 致密油"甜点"地震预测技术应用 ··········· 162
第三节 致密油"甜点"区评价优选技术应用 ·········· 165

结束语 ·· 202

参考文献 ·· 203

第一章 致密油"甜点"形成条件与类型

本章重点介绍了致密油的基本定义、致密油"甜点"的内涵，以及致密油"甜点"区形成的基本地质条件；按照致密油储层岩性类型将致密油特点分为碎屑岩、混积岩、凝灰岩和碳酸盐岩四类致密油"甜点"，并简要阐述其主要特征。

第一节 致密油概念与"甜点"内涵

一、致密油

目前，国内外关于致密油的定义或描述众多，存在一定差异，尚未形成统一的界定规范及普遍认同的概念。但是，致密油具有储层致密、渗透性极差、近源成藏、单井产量低、需要特殊的开采技术等特征，在国内外油气界已经形成了共识，得到了普遍的重视。

中国学者认为，致密油是指夹在或紧邻优质生油层系的致密碎屑岩或者碳酸盐岩储层中，未经过大规模长距离运移而形成的石油聚集。一般无自然产能，或自然产能低于经济油流下限，需通过大规模压裂才能形成工业产能。致密储层的渗透率界限一般为地面空气渗透率小于1mD、覆压渗透率小于0.1mD。目前普遍认为，致密油是储集在覆压基质渗透率不大于0.1mD（空气渗透率小于1mD）的致密砂岩、致密碳酸盐岩等储层中的石油，或非稠油类流度不大于$0.1mD/(mPa·s)$的石油、储层邻近富有机质生油岩，单井无自然产能或自然产能低于商业石油产量下限，但在一定经济条件和技术措施下可获得商业石油产量。就分布区域所占比例而言，评价单元内致密油层井数与所有油井数之比不小于70%（GB/T 34906—2017《致密油地质评价方法》）。

2018年5月1日国家自然资源部颁布了致密油为新的矿种，并将其界定为储集在覆压基质渗透率不大于0.1mD的致密砂岩、致密碳酸盐岩或混积岩等致密储层中的石油资源。本书中讨论的致密油属于该范畴。

近年来，页岩油也逐渐成为中国石油勘探的热点。页岩油是指产自富有机质页岩层中的石油资源，包括地下已经形成的石油烃、沥青和尚未转化的有机质；而致密油是从邻近泥页岩地层中生成并排出的石油，是近源聚集。除了烃类物质不同外，两者天然储渗能力也不同，页岩油储层的孔隙度、渗透率相对较低，一般孔隙度小于3%，渗透率小于$1×10^{-6}$mD；致密油储层的孔隙度、渗透率相对较高，孔隙度一般大于6%，多数在10%以上，渗透率一般小于1mD。

二、致密油"甜点"内涵

"甜点"一词广泛应用于页岩油气、致密油气和煤层气等非常规油气领域中，在致密页岩储层和其他致密油气藏中，有一些地区被称为"甜点"，"甜点"区是钻探和开采油气的首选目标。在这些地区，地层渗透率明显高于大多数地层的一般渗透率。2000年，美国地质调查局把"甜点"定义为可以持续提供30年产量的致密砂岩气区块。张金川等（2020）认为，"甜点"是致密砂岩气藏内部孔渗物性相对发育处的天然气聚集区带。杨瑞召等（2012）认为，在页岩气勘探开发中的"甜点"，是指那些具有低地应力各向异性的天然裂缝发育区或者容易被压裂技术改造的"脆性"页岩发育区。

致密油生产实践中，致密油"甜点"区评价应包括地质"甜点"区、工程"甜点"区和经济"甜点"区3类。其中，地质"甜点"区评价的要素主要包括烃源岩、储层、天然裂缝、地层能量（压力系数、气油比）、局部构造等与源储共生的一切地质要素，一般分布于坳陷、断陷等负向构造单元的生烃中心及斜坡部位为有利勘探区。工程"甜点"区评价内容主要包括致密储层的岩石可压缩性、地应力各向异性等与前期钻进后期压裂改造相关的工程等要素，需注意单井体积压裂可行性评价。经济"甜点"区评价内容主要包括资源丰度、资源规模、石油品质、埋深和地面条件等要素，同时与油价动态相关联（图1-1）。

由此可见，致密油"甜点"是指在现有经济技术条件下，具有实际开发效益的致密油地质单元，致密油"甜点"应包含两层含义，即地质学上的相对优质储层和开发上具有经济效益。因

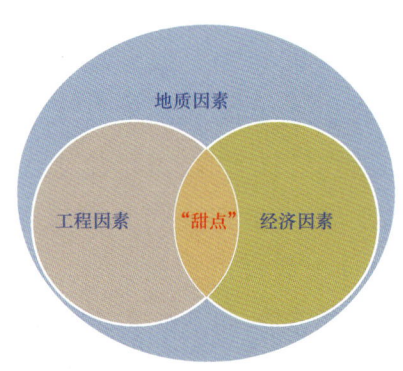

图1-1 致密油"甜点"区评价地质、工程和经济因素关系图

此，致密油"甜点"是一个相对的、动态变化的地质储集体（区域）。从致密油评价的三维空间角度，致密油"甜点"又可分为"甜点"段和"甜点"区，"甜点"段是指在纵向上，源储共生的黑色页岩/暗色泥岩层系内或紧邻烃源岩的致密储层内，通过压裂可形成工业产能的层段，表现为烃源岩、储层、工程三种品质优质集中发育段。"甜点"区是指平面上，成熟优质烃源岩分布范围内，致密储层通过水平井多级压裂等增产措施后形成具有商业开采价值的致密油富集高产区。

第二节　致密油"甜点"形成地质条件

稳定的凹陷—斜坡区是致密油形成的有利背景。陆相盆地多凸多凹的构造格局，决定了陆相致密油烃源岩和储层分异性强，分布面积变化大。总体上，生油凹陷或洼陷区的大小决定致密油资源规模，而斜坡区的坡度陡缓决定了致密油的分布面积和范围。从构造稳定性来看，凹陷—斜坡区是陆相盆地内部相对稳定地区，坳陷盆地（如鄂尔多斯盆地上三叠统和准噶尔盆地二叠系）和裂陷盆地（如渤海湾盆地古近系）均是如此，目前勘探证实凹陷—斜坡区发育优质烃源岩和致密储层，是致密油资源主要分布区。以鄂尔多斯盆地为例，三叠系延长组湖盆发育于古生界克拉通基底之上，具有稳定的构造沉积背景，地层构造变形程度微弱，地层倾角为2°～5°，最大为5.5°，利于烃源岩、区域盖层和重力流砂体及深水席状砂体大面积叠置发育，烃源岩分布面积达$10×10^4km^2$，长7段砂体分布面积达$2.5×10^4km^2$，为规模致密油资源的形成提供了良好背景。前已述及，致密油"甜点"是指在现有经济技术条件下，具有实际开发效益的致密油地质单元。考虑中国陆相致密油形成的基本地质条件，结合勘探开发实践分析认为，陆相致密油"甜点"区的形成需具备优质高效规模分布的烃源岩、发育物性相对较好的致密储层和源储最优配置三个基本地质条件。

一、优质烃源岩

优质高效且规模分布的烃源岩是形成致密油"甜点"区的基础。陆相沉积盆地主力生烃凹槽控制优质烃源岩的分布，是形成规模致密油资源的物质基础。中国陆相烃源岩主要发育在中生代和新生代，断陷、坳陷和前陆盆地等均有分布，生油凹陷数量多，烃源岩分布广泛，而烃源岩的品质决定致密油资源富集程度。有机质丰度高、热演化程度适中、有机质类型好的优质烃源岩往往受主力生烃凹槽控制，分布规模大，在形成常规油气资源的同时，也为致密油的形成提供了资源基础。

如中国中部的鄂尔多斯盆地长 7 段泥页岩烃源岩厚度大，分布广，有机质类型好，平均生烃、排烃强度高，为长 7 段致密油的形成奠定了丰富的物质基础。统计分析表明，该套烃源岩分布面积约为 $10×10^4km^2$，平均厚度为 16m，最厚为 124m，以Ⅰ型和Ⅱ$_1$型干酪根为主，有机碳含量一般为 2%～20%，R_o 值一般为 0.7%～1.5%，生烃强度达（400～800）×$10^4t/km^2$，平均为 $495×10^4t/km^2$。

东部松辽盆地青山口组同样为大型凹陷湖盆条件下形成的优质烃源岩，页岩、泥岩分布面积约为 $6.2×10^4km^2$，生烃强度达（400～1200）×$10^4t/km^2$。断陷盆地以及山前盆地烃源岩规模明显较小，决定了致密油资源规模较为有限，例如酒泉盆地白垩系烃源岩面积约为 $925km^2$，厚度较大，为 400～500m，以Ⅰ型和Ⅱ$_1$型干酪根为主，有机碳含量一般为 1%～2.5%，R_o 值一般为 0.5%～1.0%，致密油资源潜力有限。渤海湾盆地束鹿凹陷沙三下段Ⅲ油组烃源岩面积为 $250km^2$，厚度为 40m，纹层状泥灰岩是主要的烃源岩岩石类型，平均 TOC 最高，为 1.88%。

从烃源岩热模拟实验结果看，无论是鄂尔多斯、柴达木等大型凹陷盆地还是渤海湾盆地分布局限的致密油凹陷，均发育高产烃率层段，为致密油"甜点"区的形成奠定了基础。柴达木盆地古近系烃源岩有机质类型为Ⅱ型—Ⅲ型，虽然有机质丰度不高（0.4%～1.2%），但具有厚度大（100～1200m），生烃早、排烃时间长（R_o 为 0.5%～1.5%）、转化高等特点，生油条件优越，属于高效烃源岩，为柴西致密油"甜点"的形成提供了优越的资源基础。

二、物性相对较好的储层

规模发育物性相对较好的储层是形成致密油"甜点"的核心。受沉积物源、水动力条件和古构造背景等因素影响，陆相盆地主要发育致密砂岩、碳酸盐岩、混积岩和凝灰岩四类致密储层，其分布规模和储集性能控制了致密油的整体分布与富集。富集高产的致密油"甜点"区通常表现出储层物性较好、裂缝发育、脆性强等特征。例如，鄂尔多斯盆地长 7 段致密砂岩储层分布面积约为 $2.5×10^4km^2$，主要为砂质碎屑流与前三角洲沉积砂体，单层厚度为

10~15m，累计厚度为10~60m。水下分流河道砂等优势岩相的成岩作用有效改善储层的储集性能，致密油优势成岩相为长石溶蚀相，孔隙度为5%~12%，平均为7.2%，渗透率一般小于0.3mD。西233井"甜点"区孔隙度为10.1%，渗透率大于0.2mD，10口水平井试油日产量均超百立方米，进一步证实了在高孔隙度的优质储层基础上，高渗透层是控制"甜点"富集高产的关键因素。

准噶尔盆地吉木萨尔凹陷芦草沟组为混积岩致密储层，有利面积为900km^2，单层厚度为1~27m，累计厚度为20~60m，平均孔隙度为8.75%，平均渗透率为0.05mD。吉172-H井"甜点"区储层厚度38m、平均孔隙度10%、脆性指数大于11，初期最高日产油近70t。该区发育上下两套"甜点"段，已获工业油流井主要位于储层厚度大于15m的区域，储层厚度小于15m的区域大多只见油气显示或油气产量低，可见吉木萨尔凹陷芦草沟组致密储层厚度对致密油的分布具有一定的控制作用。

松辽盆地北部齐家地区致密储层岩心资料主要沉积相特征及储集性分析结果显示，无论是齐平2井的三角洲河口坝微相砂体，还是齐平3井发育的远沙坝微相砂体，这些优势沉积相带内高孔隙度、高渗透率层段含油级别高，并且控制"甜点"段在垂向分布位置。

此外，储层裂缝发育程度能够有效增加储层孔隙度、渗透率，形成高产"甜点"区。例如鄂尔多斯盆地长7段致密油压力系数为0.75~0.85，原油密度为0.8~0.86g/cm^3，原油黏度为0.7~1.27mPa·s，气油比为95~125m^3/m^3，裂缝密度为1~1.25条/m。盆地长7段致密油储层压力系数虽低，但发育的构造缝有效提高了储层渗流能力，加之油质好，是"甜点"区发育、产量高的重要原因。

三、最佳源储配置

源储最佳配置是形成致密油"甜点"的关键。致密油以短距离运移为主，近源聚集成藏。大面积分布的优质烃源岩与致密储层紧密接触是致密油近源成藏的重要条件，按照源储配置关系中国陆相致密油可分为源内、源上和源下三种源储组合类型（图1-2），其中源内又分为源储共生和源储一体两种（图1-3）。源上型是指储层位于烃源岩之上，如鄂尔多斯盆地延长组长7$_1$亚段和长7$_2$亚段及四川盆地的川中凉高山组；源下型是指储层分布于烃源岩之下，例如松辽盆地扶余致密油；源内源储共生型即为源储相互叠置，例如松辽盆地高台子致密油；源内源储一体型是指烃源岩与储层为一体，烃源岩和储层间无清晰界线，例如准噶尔盆地吉木萨尔芦草沟组和渤海湾盆地束鹿凹陷沙三段泥灰岩致密油等。

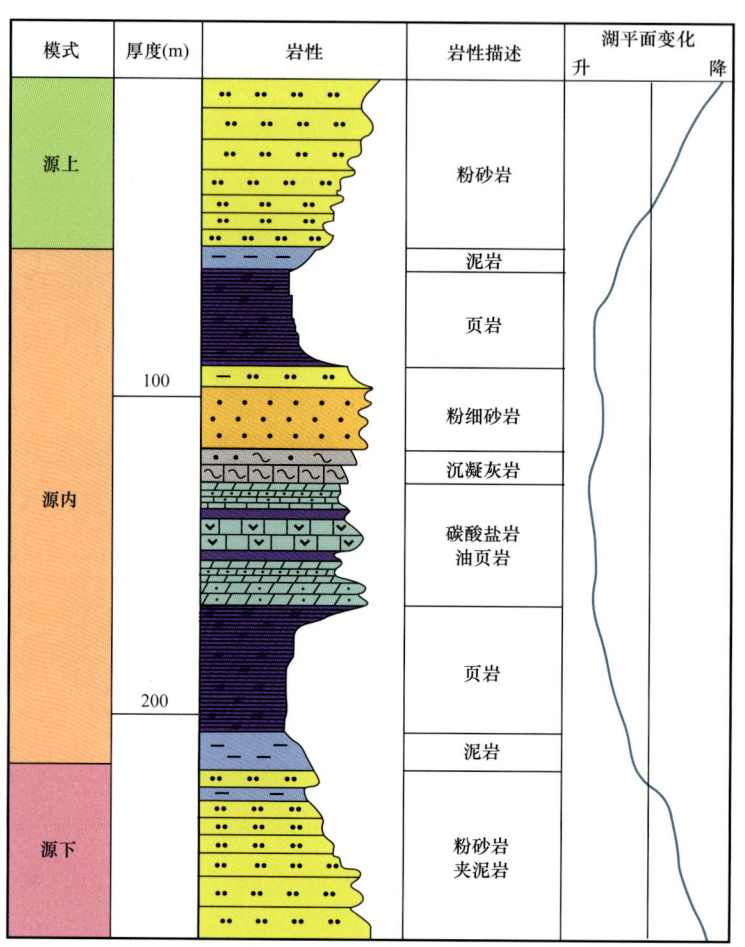

图1-2 致密油储层与烃源岩配置模式图

垂向上，致密油储层往往位于烃源岩层上下或夹持其中，如果断裂过于发育，会导致生成的致密油向上运移形成次生油藏；平面上，致密油分布明显受生烃中心控制，远离生烃中心难以形成规模致密油聚集。近源成藏动力主要来自生烃增压带来的源储压差，生烃时源储压差一般为10～15MPa，使得生成的原油向致密储层短距离运移、连续充注而成藏。根据研究结果，鄂尔多斯盆地长7段源储压差一般为5～15MPa，最高达18～26MPa，为致密油充注成藏提供了动力。

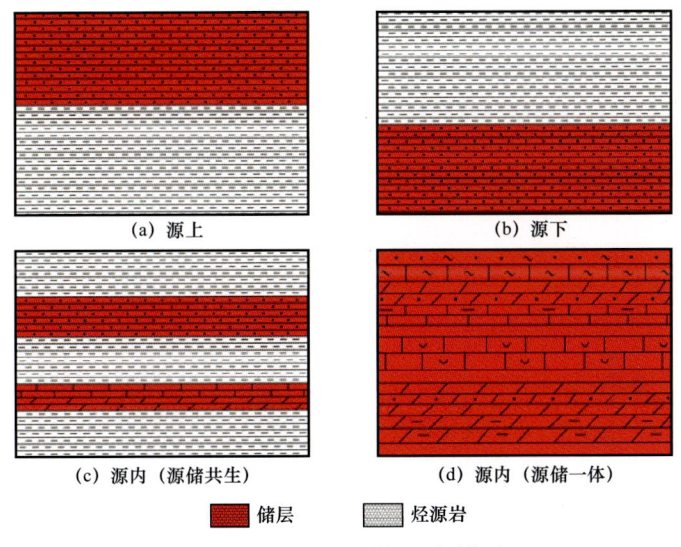

图 1-3 致密油源储组合模式图

源储配置关系对致密油聚集作用不同,"甜点"分布取决于烃源岩、储层品质和源储配置三要素。在烃源岩和储层品质同等条件下,源内型致密油成藏条件最好,烃类充注强度高、就近成藏,含油饱和度较高(可达70%~90%);当源储品质均很好时,尽管是源上型致密油(鄂尔多斯盆地长7_2亚段和长7_1亚段),由于源储距离很短,含油饱和度也很高;若储层品质中等或一般,含油饱和度也不会高(如松辽盆地扶余油层和川中大安寨段)(表1-1)。

表1-1 中国陆相致密油的源储品质、配置关系和饱和度对比表(据杜金虎等,2016)

盆地	区块	层位	烃源岩品质	储层品质	源储配置	含油饱和度(%)	原油密度(g/cm³)
准噶尔	吉木萨尔	芦草沟组	好	好	源内型(源储一体)	70~95	0.87~0.92
渤海湾	束鹿凹陷	沙三段泥灰岩	好	中等	源内型(源储一体)	70~85	0.75~0.82
柴达木	扎哈泉	古近系	中等	中等	源内型(源储共生)	50~65	0.87
四川	川中	大安寨段	中等	一般	源内型(源储共生)	52~65	0.76~0.87
鄂尔多斯	陇东	长7_2亚段和长7_3亚段	好	好	源上型	80~90	0.80~0.86
鄂尔多斯	陕北	长7_2亚段	中等	好	远源型	60~70	0.80~0.86
松辽	齐家	扶余油层	好	中等	源下型	40~50	0.78~0.87

鄂尔多斯盆地陇东地区长 7 段致密油勘探开发试验表明，源储配置对致密油产量的控制作用明显。当有机碳含量高（图中灰色充填部分）、厚度大的烃源岩与物性相对较好、砂体结构好的储层相匹配时，含油富集程度越高，单井产能也越高，反之亦然（图 1-4）。

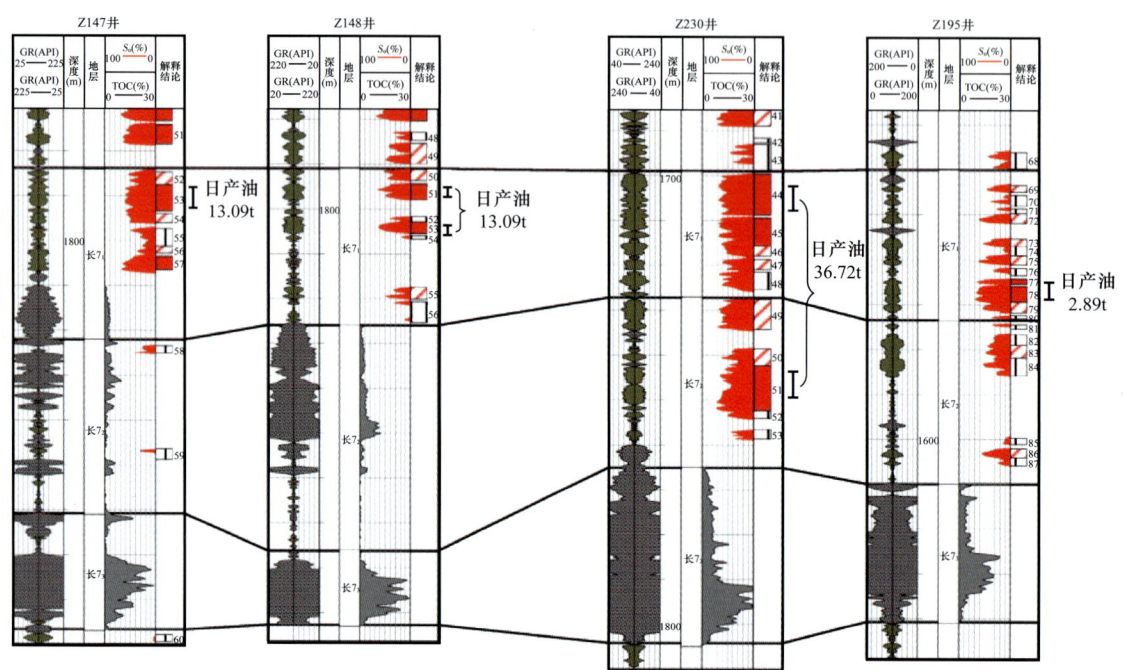

图 1-4　鄂尔多斯盆地致密油"甜点"段多井对比源储配置关系

第三节　致密油"甜点"类型及特征

中国陆相致密油储层与海相致密储层相比，致密储层分布规模相对较小，而且类型较多，总体呈现岩性复杂、物性差特点。按照陆相盆地致密储层的岩性可以划分为碎屑岩、碳酸盐岩、混积岩和凝灰岩四种类型。

考虑中国陆相湖盆沉积的特殊性，以及不同岩性的致密油储层预测、评价方法和改造工艺技术的差异性，按照致密储层的岩性不同，将致密油"甜点"分为四种类型，为研发不同类型"甜点"评价方法奠定基础（表 1-2）。

一、碎屑岩型

目前中国陆相盆地发现的碎屑岩类致密油最主要的是砂岩类。该类致密油主要形成于陆相敞流湖盆湖平面上升期滨浅湖—半深湖背景下发育的河流—浅水辫状河三角洲、扇三角洲沉积体系，以及以陆相敞流湖盆最大湖泛期半深湖—深湖重力流、三角洲前缘等为主的沉积体系中，该类储层是目前国内发现致密油的主要类型。致密砂岩储层岩性复杂、物性差、孔隙类型多样性明显、非均质性强。鄂尔多斯、松辽、渤海湾、柴达木等盆地致密砂岩储层岩性以岩屑砂岩、长石岩屑砂岩为主，其次是长石与岩屑砂岩，组成岩石的沉积碎屑粒度细、分选性与磨圆度差。孔隙类型以粒间（微）孔、粒间及粒内溶孔、微裂缝为主，主要为次生孔隙，原生孔隙比较少见（图1-5），其主要原因是压实作用对原生孔隙的保存有不利影响，又由于储层与烃源岩的紧密接触，烃类的流体在生成和短距离运移的过程中，有机酸等物质作用于致密储层，促使次生孔隙相对发育。致密储层物性表现为低孔低渗—特低孔特低渗，孔隙度一般为3%～13%，渗透率通常小于1mD（赵政璋等，2012；杜金虎等，2016；张啸楠和丁晓琪，2010）。

表1-2 陆相致密油"甜点"类型

"甜点"类型	沉积环境		源储配置	实例	
				盆地	地区层位
碎屑岩型	三角洲前缘（湖相）	湖退	下源上储	松辽	齐家地区青二段高台子油层
				鄂尔多斯	延长组长7段
		湖泛	源储互层	渤海湾	束鹿凹陷沙三段下亚段砾岩
				柴达木	扎哈泉—乌南上干柴沟组
		湖侵	上源下储	松辽	泉四段扶余油层
碳酸盐岩型	三角洲灰坪、云坪（湖相）	蒸发湖退	源储互层	柴达木	红柳泉—跃进和乌南下干柴沟组上段
				四川	川中大安寨段
混积岩型			源储互层	渤海湾	沧东凹陷孔二段
					雷家沙四段
				准噶尔、三塘湖	吉木萨尔凹陷、马朗凹陷芦草沟组
凝灰岩型	火山碎屑沉积		下源上储	三塘湖	马朗凹陷条湖组

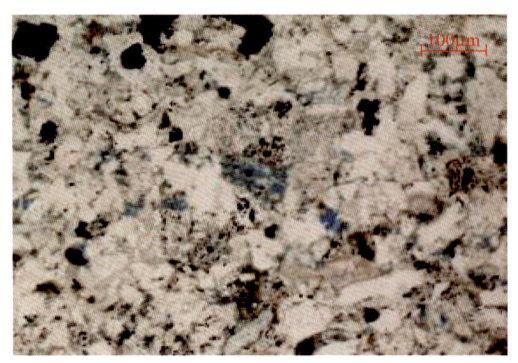 

(a) 松辽盆地，齐平1井，2044.14m，发育粒间溶孔　　(b) 鄂尔多斯盆地，宁66井，1517.41m，发育长石溶孔，少量粒间孔

图 1-5　中国陆相致密砂岩储层岩石薄片

鄂尔多斯盆地延长组致密砂岩储层主要发育于湖盆中部水体较深的深湖—半深湖环境。长6段—长7段以典型的深水重力流相致密砂岩储层为主，物性受成岩相控制。岩性以长石砂岩和长石岩屑砂岩为主，长石与岩屑含量高，石英含量低。储层物性较差，孔隙度一般为5%～14%，平均孔隙度为8.7%，渗透率一般小于1mD，平均渗透率为0.2mD。孔隙类型包括原生粒间孔、长石粒间及粒内溶蚀孔，对储层物性起到了一定程度的改善效果，而致密储层中发育的构造缝有效提高了储层的渗流能力。从地质"甜点"评价要素来看，长7段致密油"甜点"区的烃源岩厚度为10～30m，TOC大于3%，R_o值在0.8%～1.2%之间，储层厚度为20～40m，孔隙度大于9%。

鄂尔多斯盆地上三叠统延长组及侏罗系为多旋回三角洲—湖泊—河流沉积体系，形成多套生储盖组合和成藏组合。其中，长7段油藏属自源型成藏组合，长7段自源型与长6段近源直接型成藏组合不需要良好的垂向运移通道就可以成藏，生成的致密油运移距离短，成藏效率高，有利于大中型油田的形成（图1-6）。

二、混积岩型

混积岩是一类特殊的致密储层，指陆源碎屑与碳酸盐岩等组分经混合沉积作用而形成的致密储层类型，广义上还包括由陆源碎屑与碳酸盐岩等组分在空间上构成交替互层或夹层的混合型致密储层。混合沉积作用也可以理解为陆源碎屑岩与碳酸盐岩之间的过渡沉积（冯进来等，2011）。准噶尔盆地吉木萨尔凹陷芦草沟组、三塘湖盆地芦草沟组与条湖组、渤海湾盆地歧口凹陷沙河街组一段、沧东凹陷孔店组二段、束鹿凹陷沙河街组三段和辽河西部凹陷沙河街组四段等均发育混积岩。

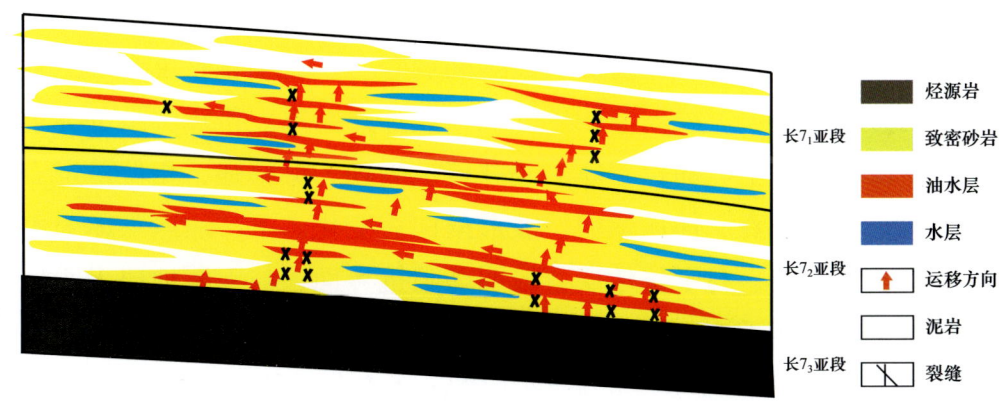

图1-6 碎屑岩型致密油"甜点"形成模式图

混积岩分布规模相对较小，但储层物性要好于致密碳酸盐岩，储集性能受岩性与溶蚀作用双重控制。分布面积一般为300～900km^2，单层厚度一般为1～50m。岩性主要包括云质粉砂岩、砂屑云岩、石灰岩、白云岩、沉凝灰岩、砂质云岩和泥晶云岩等，一般属于特低孔—超低渗型储层，孔隙度一般为2%～25%，渗透率一般小于1mD。储集空间以裂缝—溶孔为主，微米级与纳米级孔喉发育，其中微米级孔喉占49%～58%，纳米级孔喉占42%～51%（图1-7）。

准噶尔盆地吉木萨尔凹陷芦草沟组混积岩分布面积约900km^2，单层厚度一般为1～27m，岩性主要为云屑砂岩、砂屑云岩、微晶云岩、云质粉砂岩和泥质粉砂岩，孔隙度一般为6%～16%，渗透率一般小于0.1mD。不同岩性的储层物性存在差异，其中云质粉细砂岩储层物性较好，平均孔隙度为10.4%，平均渗透率为0.06mD；云屑粉细砂岩储层物性最好，平均孔隙度为11.9%，平均渗透率为0.076mD；砂屑云岩与泥晶、微晶云岩储层物性较差，平均孔隙度为9.5%左右，平均渗透率分别为0.05mD和0.32mD。另外，芦草沟组滩坝云质岩受成岩溶蚀作用影响，储集空间类型包括剩余粒间孔、微孔、溶孔、溶缝及晶间孔，以溶蚀孔洞、溶缝为主。成岩溶蚀改造作用改善了储层的渗流能力，其中储层上"甜点"最大渗透率为36.3mD，下"甜点"最大渗透率达52.6mD，进汞饱和度为90%～99%，退汞饱和度为10%～20%，退汞效率较好，表明其孔喉比相对较小，孔隙和喉道的均一化程度相对较高，其中微米级孔喉占49%，纳米级孔喉占51%。

吉木萨尔芦草沟组砂屑云岩、泥质粉砂岩、云屑粉—细砂岩夹灰色泥岩、云质泥岩，砂、泥岩呈互层，矿物组分具有高长英质、高碳酸盐、低黏土特点；源储薄层间互，油层纵向跨度大、横向展布有较大变化；单个"甜点"厚度薄、纵向分布跨度大、横向非均质性强，原油差品质。芦草沟组分为上下两个"甜点"段，其中上"甜点"体的测井特征表现为振幅强，相位稳定，为一峰一谷反射；下"甜点"体振幅弱，波形横向有变化。下"甜点"体为中—高阻抗，在地震尺度上，与下伏地层有较明显阻抗界面，与上覆地层无明显阻抗界面。这种纵向岩性变化快、粒度细、单层薄的特点使得通过常规测井难以识别灰质细粒富含有机质地层的储层，核磁测井资料评价储层效果较好；受地震资料分辨率限制，单层"甜点"无法预测，得以"甜点"体为单元；"甜点"体内"甜点"纵向变化快、呈薄互层结构，给孔隙度预测带来了极大的困难。

(a) J174井，3283.74m，溶蚀孔发育　　(b) J174井，3143.30m，剩余粒间孔发育

(c) J174井，3294.86m，发育溶蚀缝　　(d) J174井，3114.86m，发育剩余粒间孔及颗粒溶孔

图1-7　准噶尔盆地吉木萨尔凹陷芦草沟组致密混积岩储层岩石薄片照片

三、凝灰岩型

三塘湖盆地二叠系条湖组发育的（沉）凝灰岩致密油是一种特殊类型的碎屑岩类致密油。盆地缺失上、下二叠统，仅残留中二叠统，与下伏上石炭统、上覆中生界呈不整合接触。井下揭示中二叠统最大厚度上千米，南厚北薄，自下而上分为芦草沟组（P_2l）、条湖组（P_2t）。芦草沟组沉积时，火山作用较弱，条湖—马朗凹陷沉积一套浅湖泥岩、凝灰质泥岩夹凝灰岩和泥晶白云岩，钻井揭示最大厚度为508m，可划分为3段，其中芦二段（P_2l_2）厚度为150～300m，既是一套优质的烃源岩，又是致密油主要富集段。上覆条湖组沉积早晚期火山活动强烈，沉积厚200～600m的玄武岩、安山岩；中期火山作用逐渐减弱，发育沉凝灰岩—泥岩建造，沉凝灰岩厚度为15～30m，是致密油富集的重要层段。条湖组凝灰岩型致密油为下生上储型，烃源岩以芦草沟组为主，条湖组也有一定的贡献，主力烃源岩生成的原油沿断层向上运移100～500m，穿过条一段（P_2t_1）玄武岩、安山岩后在条二段（P_2t_2）沉凝灰岩中聚集。

三塘湖盆地优质烃源岩主要发育在湖盆扩张期的凹陷—斜坡浅湖—半深湖环境。随着有机质的成熟，产生的有机酸为火山喷发空落在该区域的火山灰发生脱玻化作用及次生溶蚀、形成有效储层创造了良好条件，生成的原油就近在火山灰成岩脱玻化蚀变产生的大量溶蚀微孔中聚集，利于"甜点"的形成（柳波等，2012；梁世君等，2019）。

条湖组致密油储层厚度为15～30m，分布稳定。条湖组储层岩性单一，主要为玻屑、晶屑沉凝灰岩，在北疆地区二叠系普遍发育，与二连盆地白垩系沉凝灰岩储层特征相似。储层岩石骨架组分中长英质含量大于90%，黏土矿物含量小于6%；储层具有中高孔隙度（10%～25.5%）、特低渗透率（0.34mD）、高含油饱和度（平均为62%）的特点；储层储集空间包括基质微孔、晶间微孔、溶蚀微孔和微裂缝；火山灰粒径小、孔喉小、数量大，是造成储层高孔隙度、低渗透率的主要原因；喉道半径集中在0.05～0.22μm之间；储层电性特征为高自然伽马、高声波时差、中高电阻率。火山灰脱玻化作用及次生溶蚀是形成有效储层的主要原因。条湖组致密油储层岩石力学特征总体表现为"脆性矿物含量高、黏土矿物含量低、高杨氏模量、低泊松比"的特征，体积压裂改造时易于形成复杂缝网。

四、碳酸盐岩型

致密碳酸盐岩是目前发现的另一种主要的致密油储层类型。该类储层通常形成于陆相湖盆最大湖泛期的深湖—半深湖重力流、前三角洲等沉积环境，岩性则受物源供应与湖盆性质影响。物源相对充足时主要形成富砂质储层，物源缺乏时易于形成碳酸盐岩储层。在封闭、咸化湖盆环境下，储层白云石化较为普遍。该类致密储层广泛发育于晚古生代、中—新生代陆相沉积盆地斜坡—凹陷区，主要分布于二叠系、三叠系、侏罗系、白垩系和古近系。如渤海湾盆地歧口凹陷沙一段、辽河坳陷西部凹陷沙四段、柴达木盆地西部下干柴沟组和四川盆地侏罗系大安寨段等。

碳酸盐岩型致密油"甜点"区的发育主要受溶蚀孔和裂缝的发育程度控制。致密碳酸盐岩储层岩性表现出复杂多样的特点，包括藻屑或介屑灰岩、粉砂质或砂质白云岩、白云质砂岩和白云岩等。该类储层物性差，属于特低孔—特低渗型储层，孔隙度一般为0.5%～7%，渗透率一般为0.04～10mD。以四川盆地侏罗系大安寨段为例，在盆地中部发育一套部分被铁白云石化的介壳灰岩类致密储层，形成于早侏罗世中期内陆淡水湖泊发育期，主要分布在大一亚段下部和大三亚段上部。储层岩性主要有白云石化的介壳灰岩、泥灰岩、藻灰岩和泥晶云（灰）岩，介壳灰岩储层厚度在0.3～1.2m之间，平均单层厚度小于1m，累计厚度为8～28m。储层整体致密，孔隙度一般小于2%，平均孔隙度为0.97%；渗透率一般小于0.1mD，平均渗透率为0.07mD。通过岩心观察发现，大安寨段介壳灰岩普遍发育构造微裂缝和高角度缝，局部缝密度可达20余条/米，有效提高了储层的渗流能力。勘探实践表明，构造缝起到促进早期高产的作用，而微裂缝沟通基质孔，对中后期的低产稳产也起到一定作用。由此可见，构造缝和微裂缝是影响大安寨段致密储层储集性能的主控因素。储层分布受盆地性质与相带展布控制，通常咸化湖泊环境下形成的白云岩及白云石化致密储层最为有利，储层夹持在半深湖—深湖相暗色泥页岩中，埋深适中，一般小于3500m，分布范围相对较广，在凹陷和斜坡区均有分布，单层厚度一般为0.3～20m。储集空间主要为溶蚀孔洞、溶蚀微孔、微裂缝及构造裂缝，原生孔较少（图1-8）。

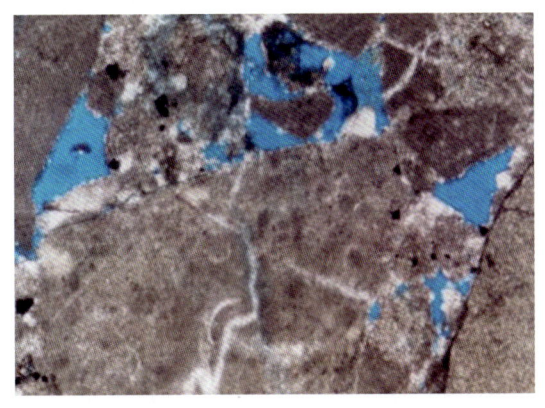 

(a) 渤海湾盆地，J98X井，4007.8m，发育砾（粒）间溶孔　　(b) 柴达木盆地，Z2井，3297.53m，发育残余粒间孔

图 1-8　中国陆相致密碳酸盐岩储层岩石薄片

四川盆地侏罗系大安寨段致密油勘探开发实践证实，优质储层是致密油"甜点"区发育和高产稳产的关键因素（图 1-9）；致密油区生产动态数据分析结果揭示滨浅湖亚相内大安寨段储层最有利，也是"甜点"区主要发育分布区。

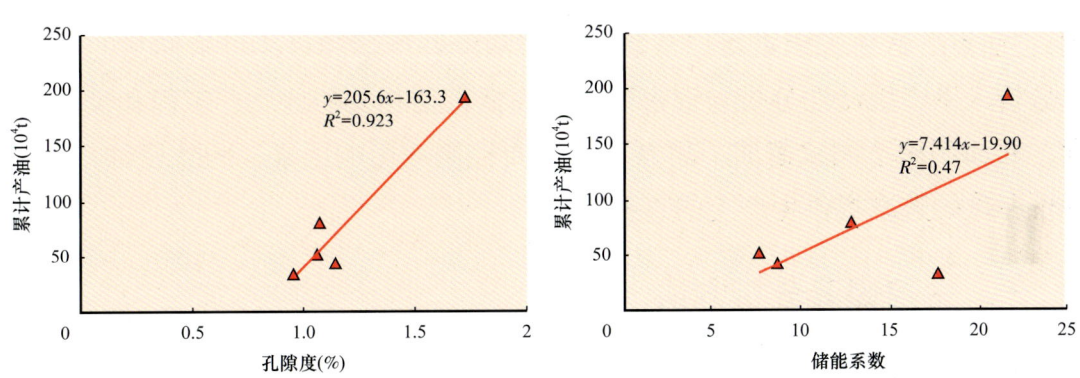

图 1-9　四川盆地侏罗系大安寨段储层参数与产量关系

第二章 致密油"甜点"评价指标体系

基于中国陆相致密油"甜点"区形成条件与评价目标,重点介绍了致密油"甜点"主控因素分析方法;从地质、工程与经济三个维度阐述了包括烃源岩、储层、流体、工程和产层 5 品质 15 项关键参数在内的"甜点"评价参数体系建立的流程和方法;并以此为基础阐述了碎屑岩型、混积岩型、凝灰岩型和碳酸盐岩型四种类型致密油"甜点"的分级评价参数体系和指标,为致密油"甜点"分类分级评价提供参考。

第一节 致密油"甜点"主控因素分析

致密油"甜点"跟产量密切相关,富集高产区即为致密油"甜点"区。因此,"甜点"区主控因素可以从影响致密油单井产量和最终可采储量的主控因素分析入手,统计法分析与致密油产量高低密切相关的地质、工程和经济等因素,从而明确不同致密油"甜点"区主要控制或影响因素,为致密油"甜点"评价参数的选取提供生产上的直接依据。

一、主控因素分析方法

致密油"甜点"区主控因素分析方法主要为统计法和果因倒推法相结合。首先通过统计致密油井所在区块和井眼的各项地质参数和工程参数,然后计算各项参数与产量的相关性,最后按照果因倒退法,统计分析与"甜点"区单井产量相关性强的地质和工程因素,判识出致密油"甜点"区形成和富集高产的主控因素,相关的地质参数主要包括烃源岩类和储层类参数,工程参数主要包括脆性指数等。具体的统计分析和判识方法在后续的第五章也会涉及。

二、烃源岩影响因素

中国陆相致密油主要分布于松辽、渤海湾、准噶尔和鄂尔多斯等盆地,其中准噶尔盆地吉木萨尔凹陷致密油较为典型。致密油"甜点"主控因素分析方

第二章 致密油"甜点"评价指标体系

法主要以吉木萨尔凹陷为例展开叙述。吉木萨尔凹陷位于准噶尔盆地东部隆起西南部,面积约为1300km²,是一个三面由断裂控制的西深东浅、西断东超的箕状凹陷。致密油勘探的主要目的层为中二叠统芦草沟组,岩性主要为碎屑岩和碳酸盐岩两大类。垂向有两套致密油"甜点"发育段,上"甜点"段岩性为砂屑云岩、岩屑长石粉细砂岩、云屑砂岩,厚度平均为36.8m;下"甜点"段主要岩性为云质粉砂岩,厚度平均为48.6m。"甜点"体内"甜点"段与非"甜点"段互层分布,横向井间"甜点"存在非均质性,局部发育稳定,连续性好,但裂缝欠发育。

优质高效的烃源岩对致密油"甜点"分布具有明显的控制作用。芦草沟组优质成熟烃源岩全凹陷分布,岩性以纯泥岩、砂质泥岩、灰质泥岩和白云质泥岩为主;烃源岩干酪根类型为Ⅰ型—Ⅱ型;总有机碳(TOC)含量为0.16%～12.31%,平均为3.65%;热解S_1+S_2分布范围为0.05～76.21mg/g,平均为15.65mg/g;氢指数(HI)为4.8～782.0mg/g,平均为324.3mg/g;镜质组反射率(R_o)为0.67%～1.0%,平均为0.87%。总体而言,芦草沟组泥岩有机质丰度高,类型好,处于成熟演化阶段(图2-1)。通过统计吉木萨尔凹陷致密油井眼处的烃源岩参数与产量的关系,发现TOC与R_o和产量具有较好的相关性,对致密油"甜点"分布具有明显的控制作用。

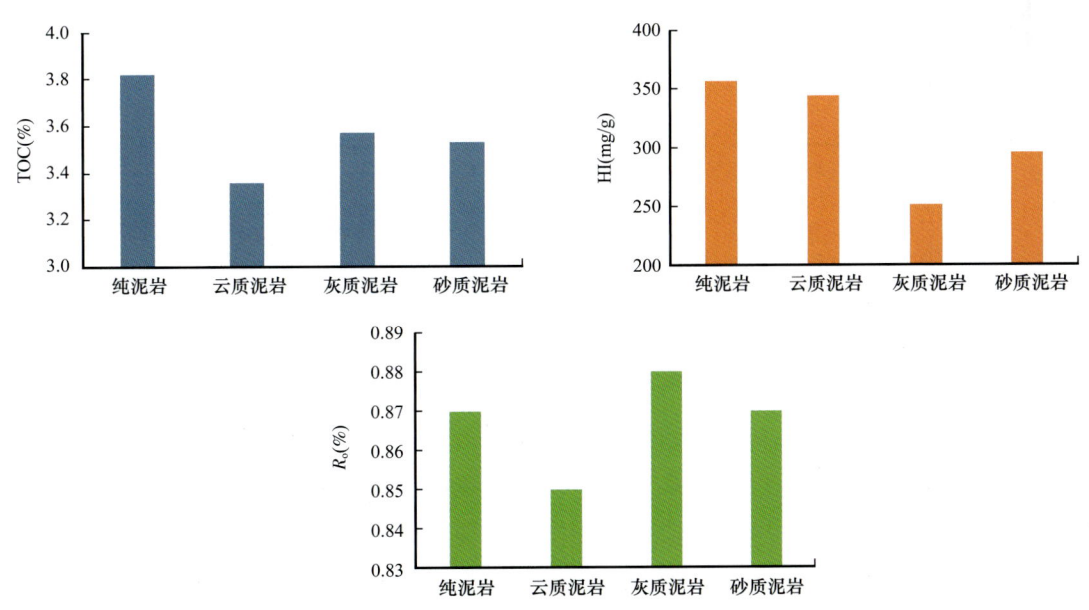

图2-1 吉木萨尔凹陷芦草沟组不同岩性烃源岩主要地球化学指标对比图

（一）总有机碳（TOC）

致密油勘探数据统计分析表明，获得工业和低产油流的井位主要分布在凹陷烃源岩 TOC 为 3.7%～4% 的区域；初期产量与烃源岩 TOC 散点外包络呈正相关关系（图 2-2，图 2-3）。

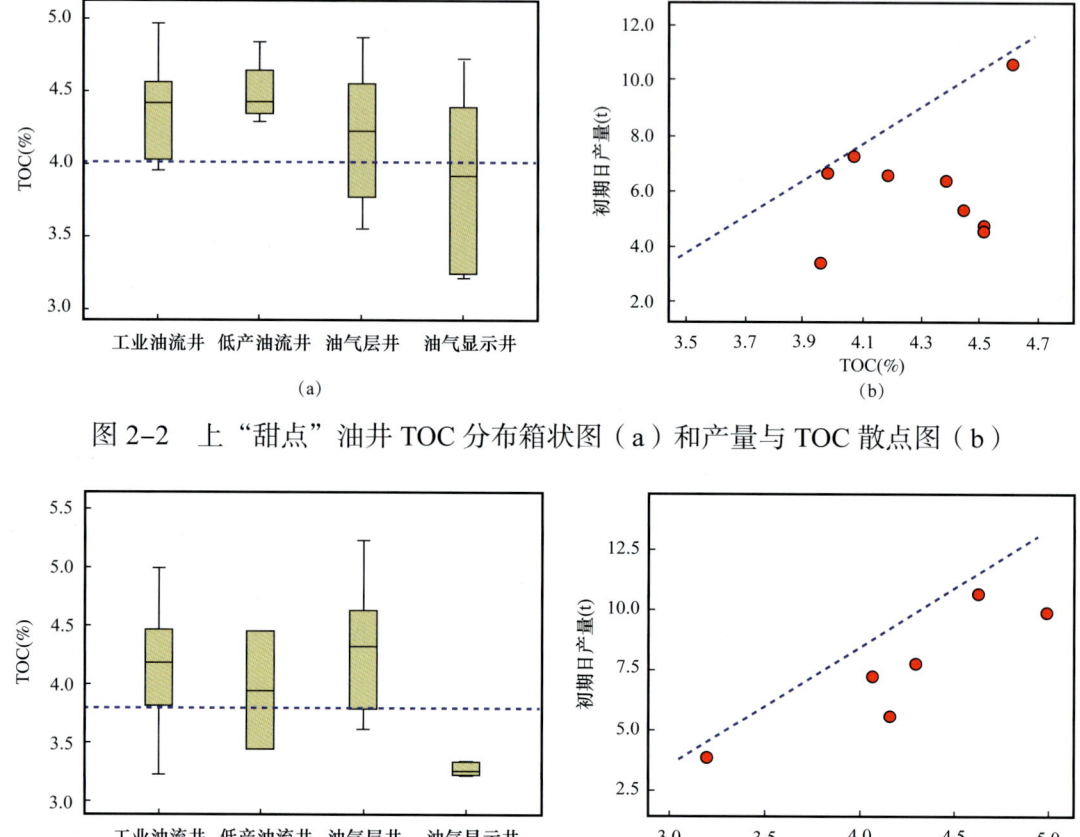

图 2-2　上"甜点"油井 TOC 分布箱状图（a）和产量与 TOC 散点图（b）

图 2-3　下"甜点"油井 TOC 分布箱状图（a）和产量与 TOC 散点图（b）

致密油区 6 口井 145 个测井解释含油性数据统计分析表明，岩石中有机碳含量与储层含油性之间具有较好的对应关系（图 2-4）。

通过分析化验厘米级尺度岩心，认为储层 TOC 含量高低主要受紧邻烃源岩 TOC 含量高低影响。岩心上部深灰色白云岩顶底作为烃源岩的灰黑色页岩 TOC 值相对较高，为 23.7% 和 21.0%；其紧邻的储层 TOC 也相对较高，为 6.88%。岩心下部深灰色白云岩顶底作为烃源岩的灰黑色页岩 TOC 值相对略低，为 12.5% 和 13.0%；其紧邻的储层 TOC 也相对较低，为 3.17%。在测井米级尺度上,通过统计 J174 井上下"甜点"储层段含油饱和度与其上下 1m 的泥岩 TOC 也发现,储层段含油饱和度大小与其上下泥岩 TOC 大小呈正相关,相对高 TOC 烃源岩围岩内的储层含油饱和度明显偏高(图 2-5)。

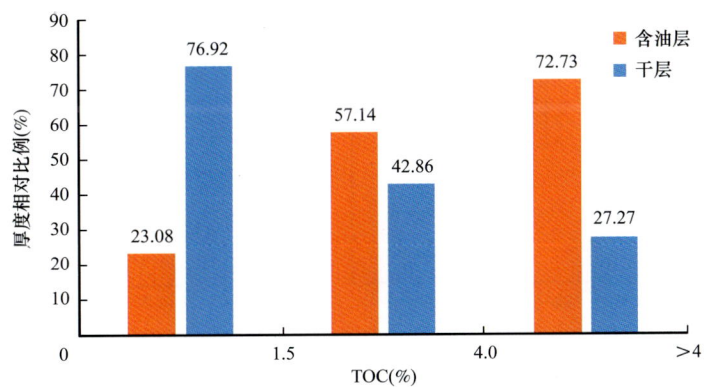

图 2-4　不同 TOC 含量烃源岩段的含油层与干层相对厚度柱状图

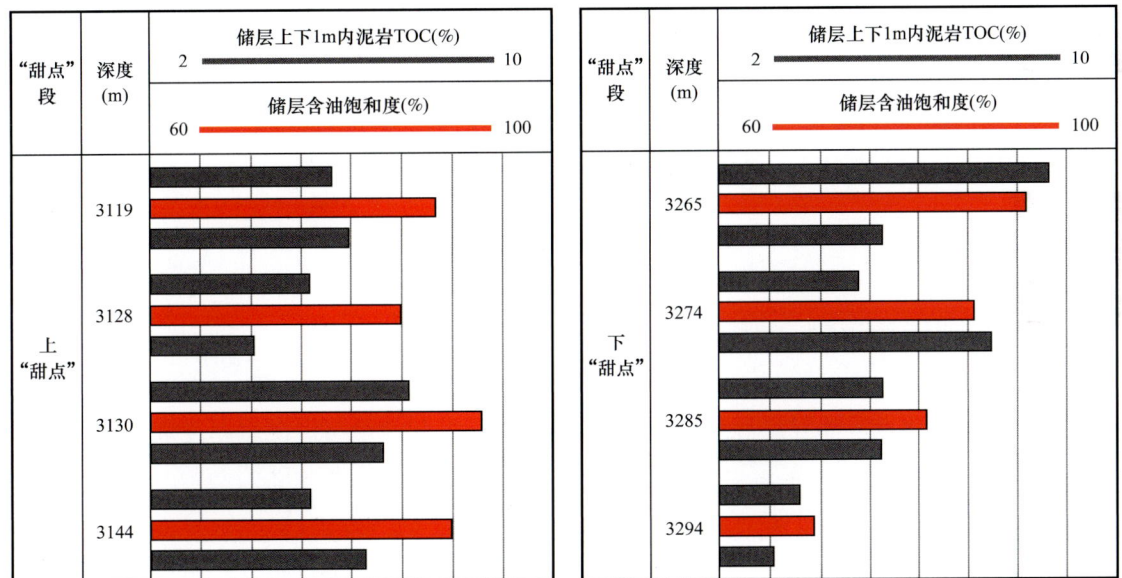

图 2-5　吉木萨尔凹陷 J174 井芦草沟组储层上下 1m 内泥岩 TOC 对储层含油饱和度的影响

(二)有机质成熟度

通过统计吉木萨尔凹陷致密油井的烃源岩 TOC 与产量的关系发现,获得工业和低产油流的井位分布在烃源岩 R_o 在 0.71%～0.93% 之间的区域,产量与 R_o 散点外包络呈正相关(图 2-6)。同样地,获得工业和低产油流的井位主要分布在烃源岩平均厚度在 73m 以上的区域，产量与烃源岩厚度散点外包络也呈正相关（图 2-7）。

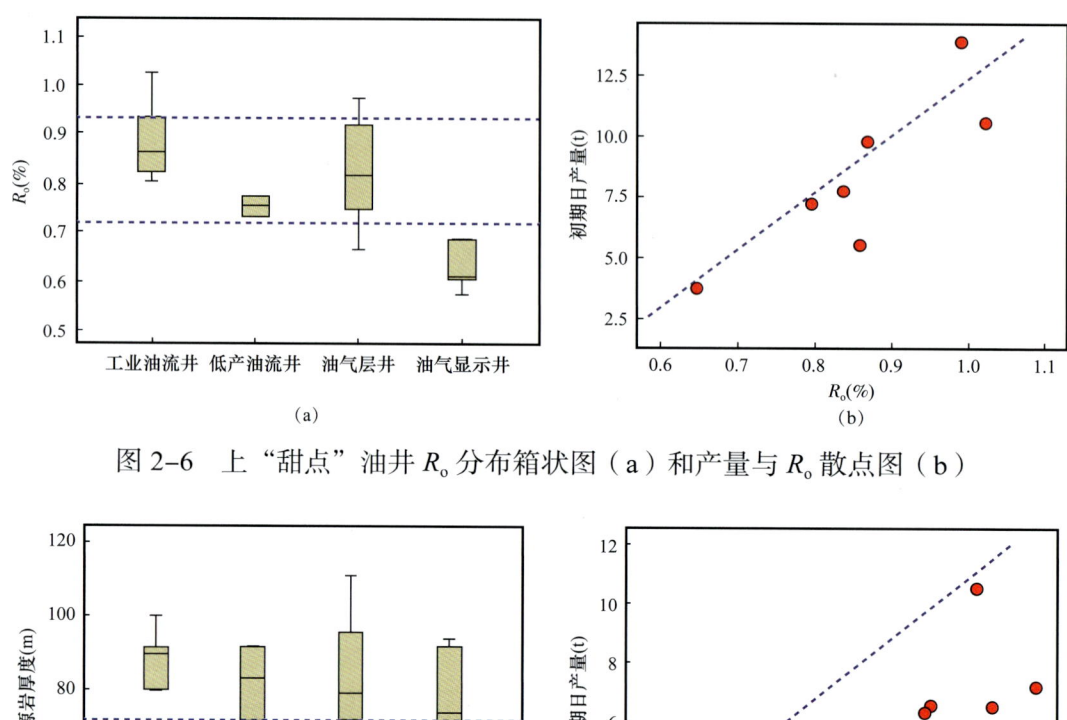

图 2-6　上"甜点"油井 R_o 分布箱状图（a）和产量与 R_o 散点图（b）

图 2-7　下"甜点"油井烃源岩厚度分布箱状图（a）和产量与烃源岩厚度散点图（b）

三、储层影响因素

储层物性控制了"甜点"的展布和产量。以准噶尔盆地吉木萨尔凹陷为例，芦草沟组储层岩性较为复杂，多为陆源碎屑岩和碳酸盐岩过渡类岩性，据 J174 井薄片分析，陆源碎屑岩类有泥质粉砂岩、云质粉砂岩、灰质粉砂岩、含云粉砂岩和粉砂岩；碳酸盐岩类有灰质云岩、砂屑云岩、泥晶云岩、泥质云岩等。芦草沟组储层具有高孔低渗特征，据邱振等（2016）97 块样品测试分析结果显示，平均覆压孔隙度为 10.8%，覆压渗透率为 0.001~0.6mD。储集空间类型以粒间溶孔与粒内溶孔为主，平均孔隙直径为 67.53μm，平均喉道半径为3.08μm（图2-8）。通过统计致密油井眼处的储层参数与产量的关系，发现厚度、孔隙度、渗透率和含油饱和度和产量具有较好的相关性，控制了"甜点"的展布和产量。

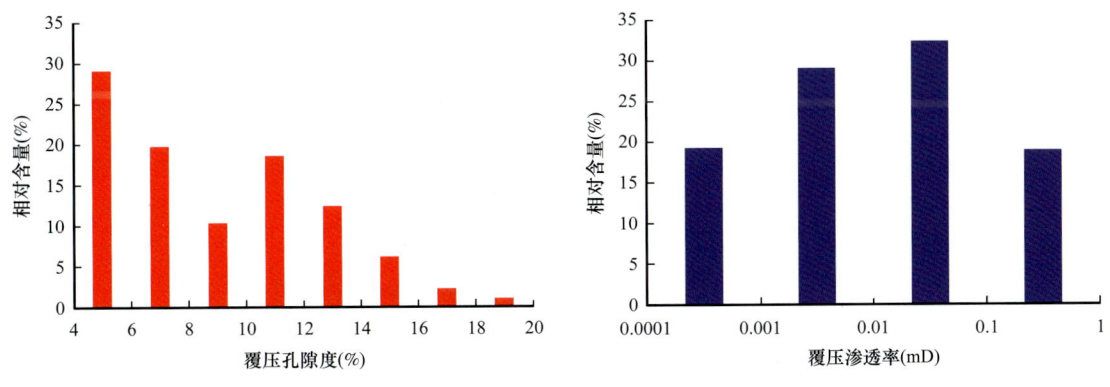

图2-8　吉木萨尔凹陷芦草沟组储层孔渗分布

（一）厚度

上下"甜点"工业油流井与低产油流井主要位于储层厚度大于17m（图2-9，图2-10）。

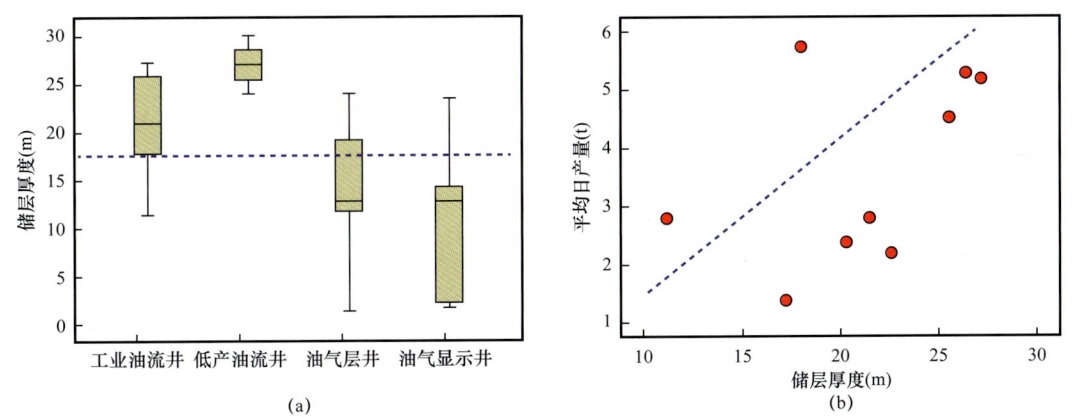

图2-9　上"甜点"油井储层厚度分布箱状图（a）和产量与储层厚度散点图（b）

（二）孔隙度和渗透率

根据岩心描述含油级别，与覆压孔隙度、渗透率建立关系，发现储层物性越好，含油级别越高，储层物性对含油级别具有一定的控制作用（图2-11）。

上下"甜点"孔隙度区分油井类型较好，平均日产量与物性参数呈正相关（图2-12，图2-13）。

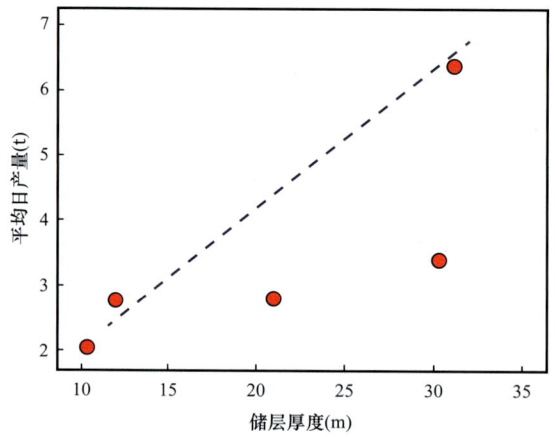

图 2-10 下"甜点"油产量与储层厚度散点图

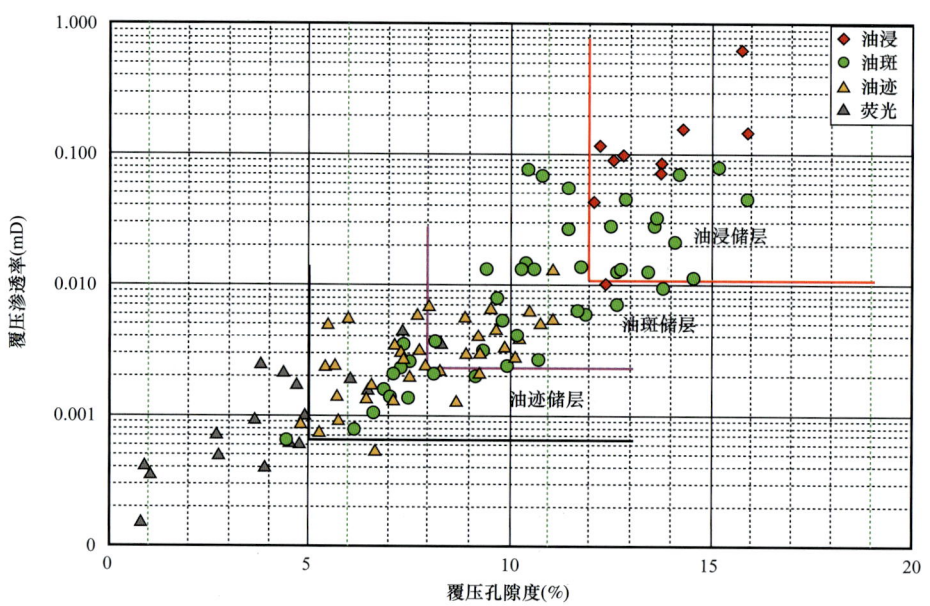

图 2-11 岩心物性与含油性统计关系图

（三）含油饱和度

工业油流井分布于含油饱和度大于 60% 的区域，产量与含油饱和度成正比（图 2-14）。

四、工程影响因素

储层工程参数对致密油水平井产量具有较明显的控制作用，主要体现在储层的脆性、储层钻遇率和压裂参数等。

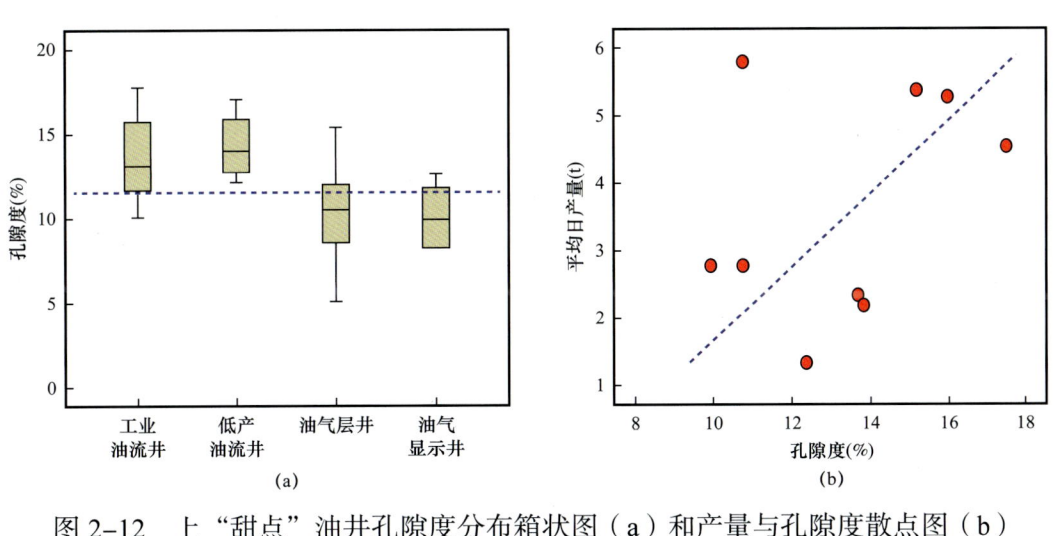

图 2-12 上"甜点"油井孔隙度分布箱状图（a）和产量与孔隙度散点图（b）

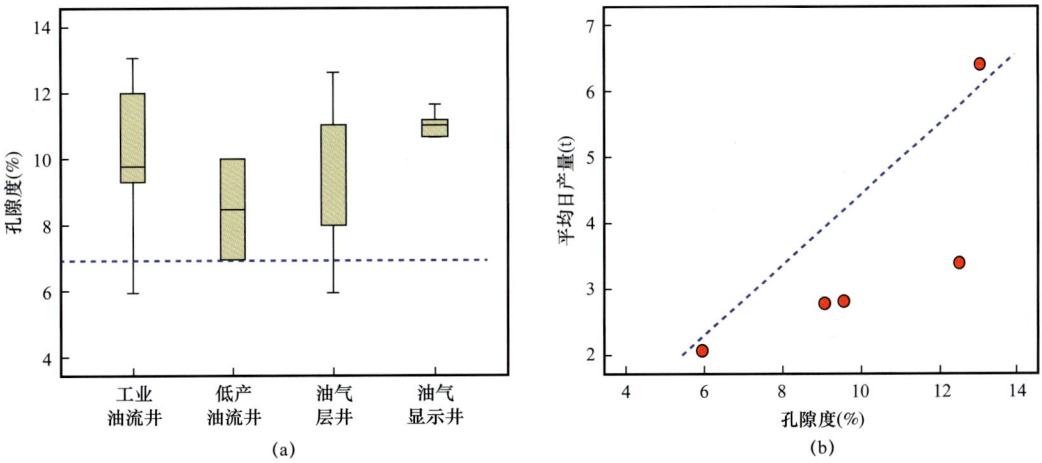

图 2-13 下"甜点"油井孔隙度分布箱状图（a）和产量与孔隙度散点图（b）

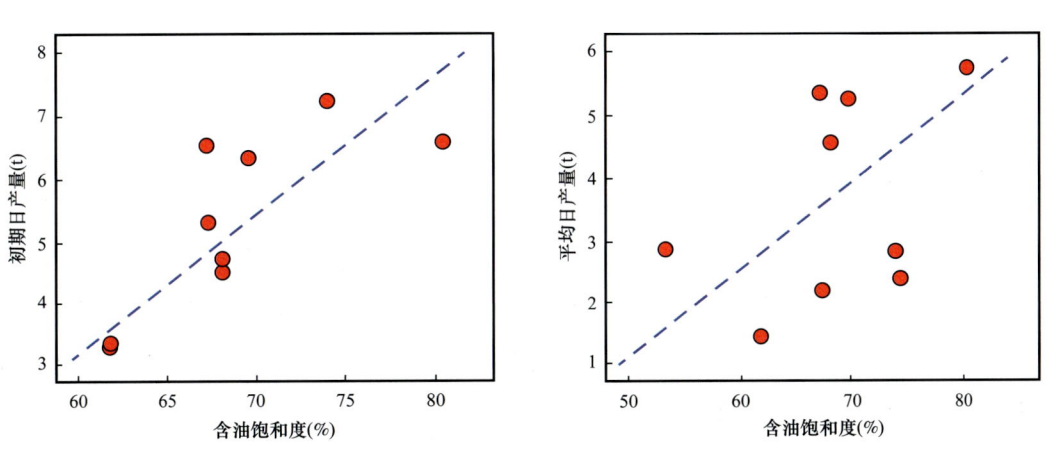

图 2-14 含油饱和度与产量关系图

（一）脆性

岩石脆性控制压裂改造形成的裂缝规模，从而影响致密油产量高低。根据实验形变曲线和破碎状态将岩石的脆性分为好、一般、差三类（图2-15）。用实验数据建立的标准判别，砂屑云岩、云质粉细砂岩、微晶云岩整体脆性较好，泥晶云岩和长石岩屑砂岩脆性一般，碳质泥岩和泥岩脆性最差（图2-16）。"甜点"储层脆性整体较好。

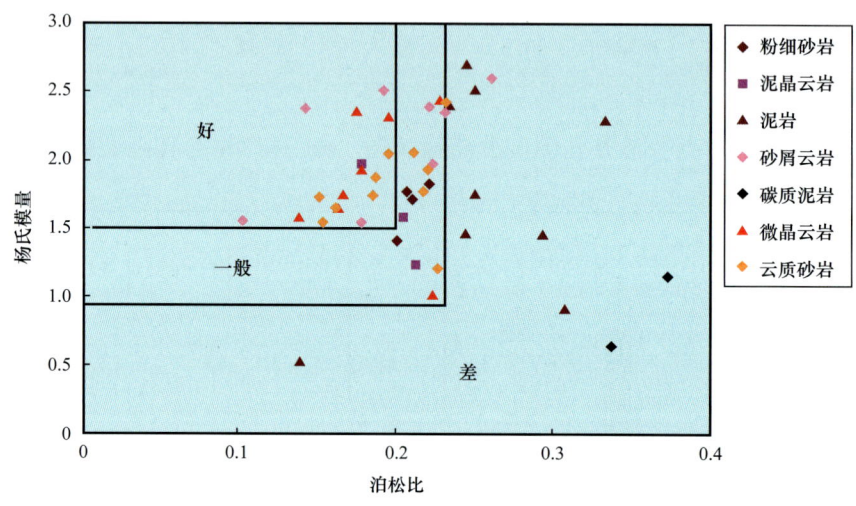

图 2-15　J174 井岩性与脆性关系交会图

（二）储层钻遇率

水平段储层钻遇率高，产量较高。储层纵向上岩性变化快，呈薄互层状，使得水平井钻遇的轨迹对人工造缝在垂向上的控制能力具有较大影响（图2-17）。统计发现，随着水平段储层（油层）钻遇率的提升，其致密油产量也较高（图2-18）。

（三）压裂参数

致密油井储层加砂强度、入井液量、改造段数和排量等因素控制压裂改造规模，从而影响致密油产量（图2-19）。影响致密油井初期日产量的加砂强度、入井液量、改造段数和排量等因素的相关系数分别为：加砂强度0.860，入井液量0.819，改造段数0.602，排量0.521。这也直接反映出压裂工程参数对致密油井产量的影响程度大小。

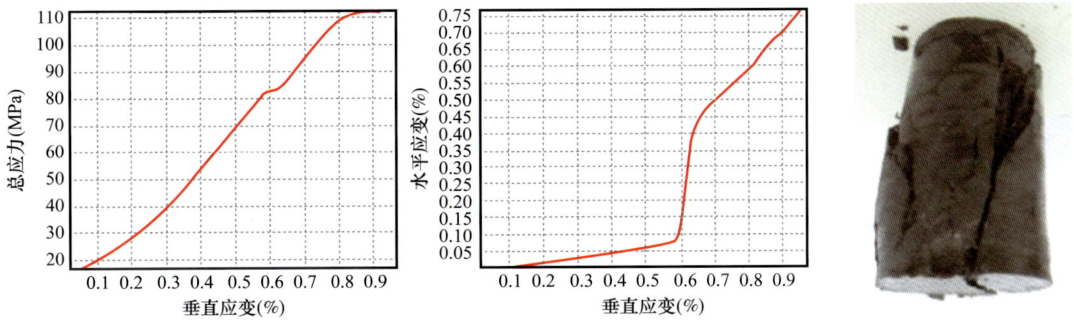

(a) 灰质泥晶砂质砂屑云岩，压裂极易形成多裂缝

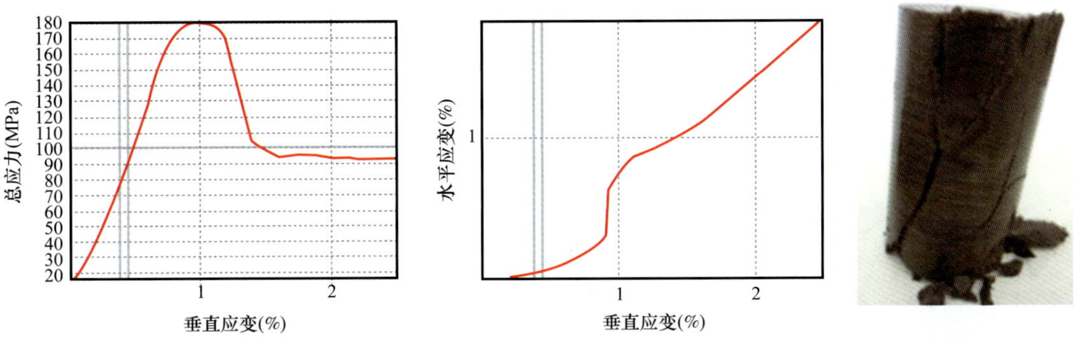

(b) 含灰质砂质砂屑云岩，压裂较易形成多裂缝

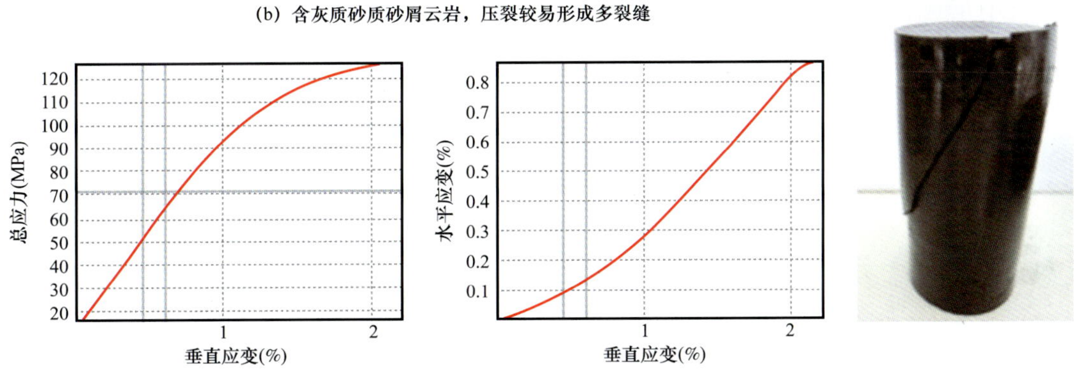

(c) 粉砂质泥岩，压裂不易形成多裂缝

图 2-16 J174 井实验形变曲线和破碎状态图

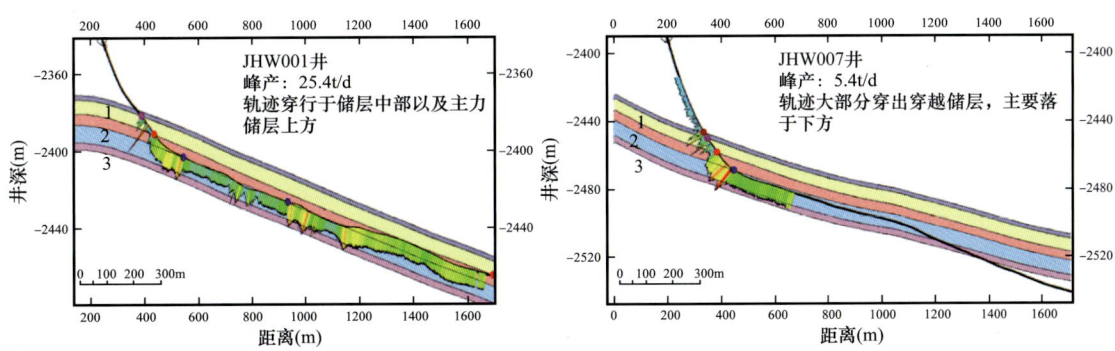

图 2-17 JHW001 和 JHW007 实钻井轨迹

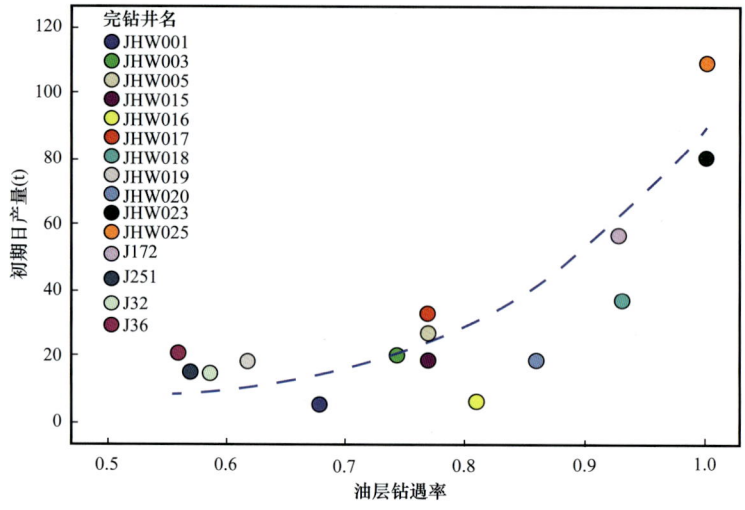

图 2-18　油层钻遇率与初期产量关系图

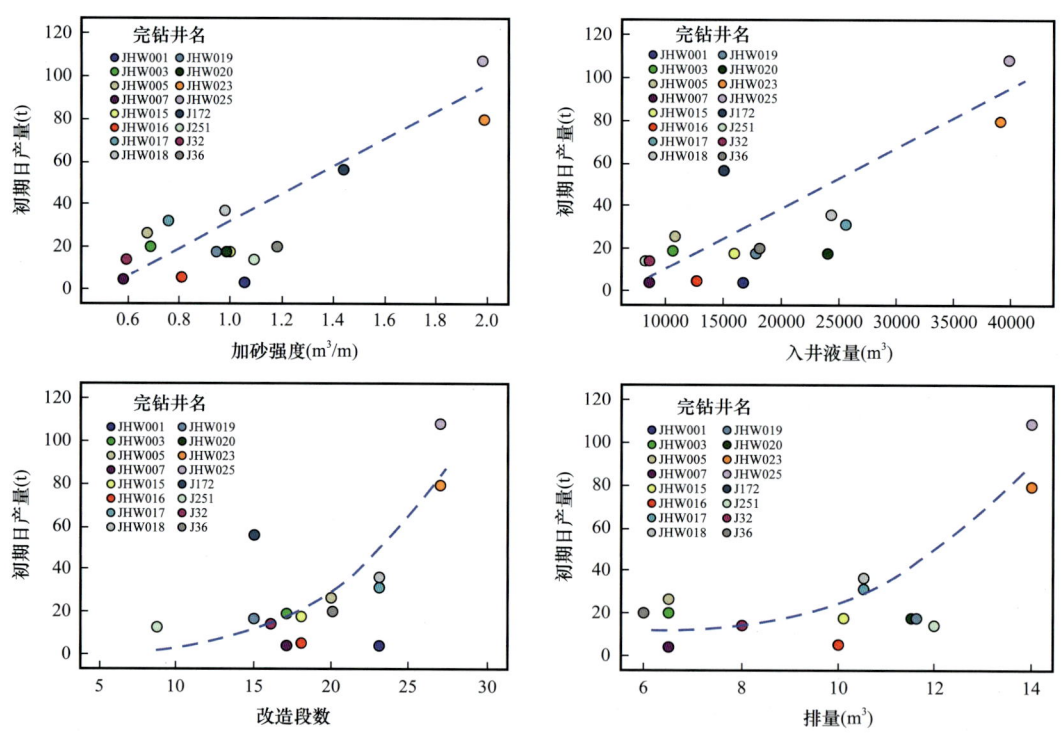

图 2-19　加砂强度、入井液量、改造段数和排量与初期产量关系图

五、经济性影响因素

经济性是评价某一个致密油"甜点"区的勘探开发活动是否经济有效的重要因素，直接反映出致密油"甜点"区的"甜度"，特别是从开发角度，是衡

量该区块是否具有勘探的效益和开发的经济价值。致密油"甜点"区一定是能效益开发的地质单元，效益的高低取决于"甜点"区致密油单井初期产量、EUR和内部收益率。因此，评价其是否具有经济性主要考虑致密油区的单井初期产量、EUR和内部收益率等主要参数。除了前述最直观的评价参数或影响指标外，致密油"甜点"区的经济性也与该区块致密油层的埋藏深度、钻井和压裂等技术水平决定的单井钻探和储层改造所需材料等投资费用等因素息息相关。

第二节 致密油"甜点"评价参数

一、致密油"甜点"评价基本参数

（一）烃源岩品质评价参数

我国陆相盆地广泛发育深湖—半深湖相，其静水还原环境常发育暗色泥岩、页岩和泥页岩（即潜在的烃源岩）。深湖—半深湖相暗色泥页岩的广泛分布，为沉积盆地的油气资源奠定了丰富的物质基础。沉积体系有机生物输入种类的不同，常与烃源岩类型密切相关；沉积体系中有机生物的输入量决定了烃源岩的有机质丰度。而烃源岩有机质类型的优劣及有机质丰度的高低直接决定烃源岩成烃能力。

烃源岩的主要岩石类型有泥岩、页岩或泥页岩，这类岩石主要形成于深湖—半深湖还原性的沉积环境。对于烃源岩的评价，需要回答烃源岩的成烃能力如何、形成何种性质的烃类、成烃条件如何等问题。

油气的生成实质上是沉积有机质在沉积盆地这个地球化学体系中发生的一系列复杂化学变化的结果。在沉积体系中物质组成一定的条件下，其化学变化主要受控于压力和温度。地球化学研究认为，油气生成的成烃过程主要受控于温度，即热演化程度。只有当沉积有机质的热演化程度达到或超过某一成烃门限，才可能形成具有工业价值的油气，且不同的热演化程度，生成不同物理化学性质的油气。

石油地质勘探的实践和实验室模拟研究表明，对烃源岩的评价主要有三个方面。（1）有机质丰度。有机质丰度主要取决于沉积环境，是决定油气资源的物质基础，是烃源岩最关键指标，与"油气的量"密切相关，有机质丰度的高低直接决定烃源岩的优劣。主要评价参数有 TOC、氯仿沥青"A"、S_1 和 S_2 等。（2）有机质类型。有机质类型主要取决于不同类型生物的输入，有机质类型决定烃源岩的倾油、倾气特征，一般而言，Ⅰ型有机质主要倾油，而Ⅲ型有机质主要倾气，Ⅱ型有机质介于两者，与"油气的质"密切相关，主要评价参数有 HI、H/O—O/C、HI—OI 和 TOC—S_2 等。（3）热演化程度。热演化程度取决于区域构造热演化历史，热演化程度决定了有机质成烃演化阶段性，与"油气的质"和"油气的量"密切相关，主要评价参数有 R_o 和 T_{max} 等。

大面积分布的优质烃源岩是致密油形成的重要物质基础。目前发现的致密油藏的烃源岩主要为海相或湖相泥页岩，如北美 Bakken 组海相页岩，有机碳含量高达到 10%～14%，分布范围广；中国鄂尔多斯盆地延长组长 7 段和准噶尔盆地吉木萨尔芦草沟组湖相泥页岩，有机碳含量为 1%～10%，有效烃源岩分布范围大。与常规石油相比，致密油更强调大面积高丰度烃源岩源内或近源短距离供烃特征。

中国陆相湖盆中烃源岩普遍发育，优质烃源岩主要发育在湖盆扩张期的凹陷—斜坡地区，以深湖—半深湖环境为主，岩性主要为暗色泥岩与泥页岩，具有烃源岩质量好、规模大、热演化适度与生烃总量大等特征，为各类储集体聚油成藏奠定了资源基础。例如，松辽盆地主要烃源岩发育在青山口组青一段，是暗色泥岩，除在盆地边部如滨北地区砂岩含量较高外，在中央坳陷区几乎全区分布，烃源岩厚度为 60～80m，有机碳含量平均为 2.2%，有机质类型多以Ⅰ型—Ⅱ型干酪根为主，有效烃源岩面积达 $6.5×10^4 km^2$，占湖盆总面积的 53%。由此可见，陆相沉积盆地中发育的优质湖相烃源岩，可为各类相关的致密储层提供充足的油源。

（二）储层品质评价参数

非常规储层评价主要集中在岩性、物性、厚度和裂缝发育程度四个方面。岩性主要受沉积环境的控制，包括岩性的类型、分布、规模等宏观特性，还包括微观上岩石颗粒大小、分选性、结构及填隙物的成分和含量，不同沉积微相的储层具有不同物性特征。储层物性在低孔低渗情况下，相对高孔高渗发育带，是"甜点"储层主要分布区。储层（油层）要达到一定的厚度、并且大面积分布是"甜点"形成的关键。储层要通过水力压裂形成一定规模的改造体积，如果裂缝较为发育，通过压裂沟通原始裂缝，从而形成复杂缝网系统，提高改造体积范围，增加单井初期和累计产量。

低孔低渗是致密储层的重要特征，但物性相对较好的发育带是"甜点"主要分布区，亦是决定"甜点"区致密油富集高产的关键因素。储层厚度是决定储层是否规模发育的基础。不同类型致密储层的荧光薄片、岩石热解及三维CT扫描等分析表明，储层物性对致密油含油性控制明显。储层物性好，含油性好，物性差，含油性差，平面上发育高含量区，是有利的"甜点"发育区。致密油"甜点"区储层的评价参数主要考虑反映储层物性、含油性和规模的孔隙度（%）、渗透率（mD）、含油饱和度（%）和厚度（m）等。

（三）油藏品质评价参数

油层压力和气油比是油井自喷能力的主要指标。压力系数是反映致密油能量的重要指标。国外研究压力系数依据净水压力和静岩压力划分低压、常压、超压。国内研究压力系数依据净水压力和静岩压力划分低压、常压、超压，界限通常取 1.0 和 1.2。气油比是反映致密油中溶解天然气能力的指标。气油比又称油气比（中国），是指在地下油层条件下，原油中溶解有天然气的数量；天然气溶于石油中可以导致石油体积的膨胀，相对密度和黏度降低，降低流体液柱压力，使油井更易自喷，有利于石油开采。

原油黏度和密度是反映致密油原油性质的重要指标。影响原油黏度的因素有原油成分、温度、溶解气体、压力等。考虑到致密油原油黏度的变化特征和现有的分类经验，确定分级标准为 10mPa·s、50mPa·s。一般情况下，原油的相对密度/密度越小，所含轻组分越多，黏度越小，反之亦然。黏度一般不作为原油的分类标准，一般取其 50℃或 80℃的黏度作为原油的性质分析，但原油种类不同，含有的族组成不同，原油比重相同，黏度也有差别。

（四）工程品质评价参数

工程参数包括力学参数和工艺参数，力学参数是受地质条件控制，包括脆性指数、泥质含量和埋藏深度。脆性指数是影响地层压裂效果的重要因素，是指导水力压裂的重要参数。地层在断裂或破坏前表现出极少或没有塑性变形的特征为脆性，脆性指数是衡量脆性高低的参数，脆性指数高的地层容易形成天然裂缝，在压裂改造总容易形成复杂缝网。泥质含量是指岩石中泥质成分占总岩石的比例，它也是反映岩石脆性的参数之一。通常而言，泥质含量高，岩石脆性低，泥质含量低，岩石脆性高。埋藏深度是指储层现今的埋藏深度，埋藏深度越大，压裂施工难度越大，对工艺要求更高，因此地质品质接近而不同埋深的致密油层段，浅层应优于深层。

工艺参数受技术水平、设备和施工队伍能力等控制，包括水平段长度、压裂级数、入井液量和加砂量等，属于人为可控参数，在此不做详述。

致密油区工程品质是指改造的目标区/段的"可压性"。着眼于埋深、岩石脆性、可压性、地应力、天然裂缝、层理特征等参数的综合评价，以脆性指数高、水平两向地应力差小、闭合压力小、天然裂缝发育为好。工程品质的评价结果可以提供最佳井位，还可以确定最佳水力压裂位置。致密储层的压裂改造效果取决于两向应力差和储层的脆性和裂缝发育程度。据此确定岩石脆性指数、两向应力差和裂缝发育程度为工程品质分级评价的主要参数。目前室内实验可以准确评价储层脆性，但难以推广到施工现场。对于采用测井或者地震资料计算岩石力学参数，然后计算脆性，目前仅适用于页岩，其他储层也仅供借鉴。

（五）经济性评价参数

经济性指标是评价致密油"甜点"勘探开发是否经济有效的重要指标，直接反映致密油"甜点"区的"甜度"，特别是从开发角度，衡量是否具有开发的经济价值。致密油"甜点"区一定是能效益开发的地质单元，效益的高低取决于"甜点"区致密油单井初期产量、EUR和内部收益率。因此，评价其经济性主要考虑致密油区的单井初期产量、EUR和内部收益率等主要参数。

二、致密油"甜点"评价参数体系

致密油勘探开发模式不同于常规石油，"甜点"富集主控因素复杂，目前致密油"甜点"评价的关键是需要建立一套评价参数体系、方法和标准。

在参数优选上，针对不同类型致密油"甜点"主控因素不同，分别优选了碎屑岩、碳酸盐岩等4类致密油"甜点"关键评价参数，并明确各参数关键等级。在评价的过程中，参数的优选需注意三个原则。（1）差异性：不同类型致密油"甜点"评价的参数选择和取值有差异；（2）重要性：强调参数在"甜点"形成过程中的控制作用的主次等级；（3）可操作性：参数取值可通过实验分析、录测试、计算评价获取。例如在碎屑岩类致密油的评价参数和主次等级排序为孔隙度、含油饱和度、储层厚度、TOC、R_o、烃源岩厚度、脆性指数等。碳酸盐岩类为裂缝密度、储层厚度、孔隙度、含油饱和度、脆性指数、TOC、R_o等。混积岩类为孔隙度、TOC、脆性指数、含油饱和度、R_o、储层厚度、气油比等。凝灰岩为裂缝密度、脆性指数、储层厚度、含油饱和度、孔隙度、TOC、R_o等。

致密油"甜点"评价参数体系的建立，主要结合致密油"甜点"主控因素，从地质、工程与经济三个角度出发，然后分别建立次一级烃源岩、储层、油藏、工程和经济5种品质关键参数，为评价方法研发奠定基础。

第一，确定烃源岩品质参数的三级参数。优质烃源岩的分布控制致密油发育区带，烃源岩TOC在垂向和纵向上对致密油层分布控制作用明显，例如吉木萨尔凹陷致密油区在垂向上岩石中有机碳含量与储层含油性之间具有较好对应关系，在纵向上工业油流井位主要分布在烃源岩TOC为3.7%～4%的区域，产量与TOC散点外包络呈正相关。研究表明，烃源岩R_o和厚度也是控制致密油"甜点"的主要因素。据此确定总有机碳（TOC）、R_o和厚度为烃源岩品质参数的三级参数。

第二，确定储层品质参数的三级参数。储层具有一定厚度且面积分布相对较大是"甜点"形成的关键。例如吉木萨尔凹陷致密油上下"甜点"段工业油流井主要位于储层厚度大于15m的区域，储层厚度小于15m的区域大多只见油气显示或产量低；储层物性对"甜点"区含油性控制明显，含油饱和度高，致密油富集程度也越高；在孔隙度相对较大的储层基础上，高渗透层是控制"甜点"富集高产的关键因素；压力系数高的储层地层能量足，也是致密油相对高产稳产的重要条件之一。据此确定物性、含油饱和度、压力系数和厚度为储层品质参数的三级参数。储层品质主要考虑孔隙度和渗透率。

第三，确定油藏品质参数的三级参数。气油比是反映致密油中溶解天然气能力的指标，原油黏度和密度是反映致密油原油性质的重要指标。一般情况下，原油的相对密度/密度越小，所含轻组分越多，黏度也越小，反之亦然。总体上，致密油流体性质越好，越利于致密油"甜点"区的富集高产。据此确定气油比、原油密度和黏度为油藏品质参数的三级参数。

第四，确定工程品质参数的三级参数。致密储层的压裂改造效果取决于水平两向应力差、储层的脆性指数和裂缝发育程度。据此确定岩石脆性指数、水平两向应力差和裂缝发育程度为工程品质参数的三级参数。

第五，确定经济品质参数的三级参数。致密油"甜点"区一定是能效益开发的地质单元，效益的高低取决于"甜点"区致密油单井初期产量、EUR和内部收益率。据此确定单井初期产量、EUR和内部收益率为经济品质参数的三级参数。

第六，分别建立地质、工程与经济"甜点"下属的烃源岩、储层、油藏、工程和经济5种品质15项关键参数"甜点"评价参数体系（图2-20），为致密油"甜点"评价方法研发奠定基础。

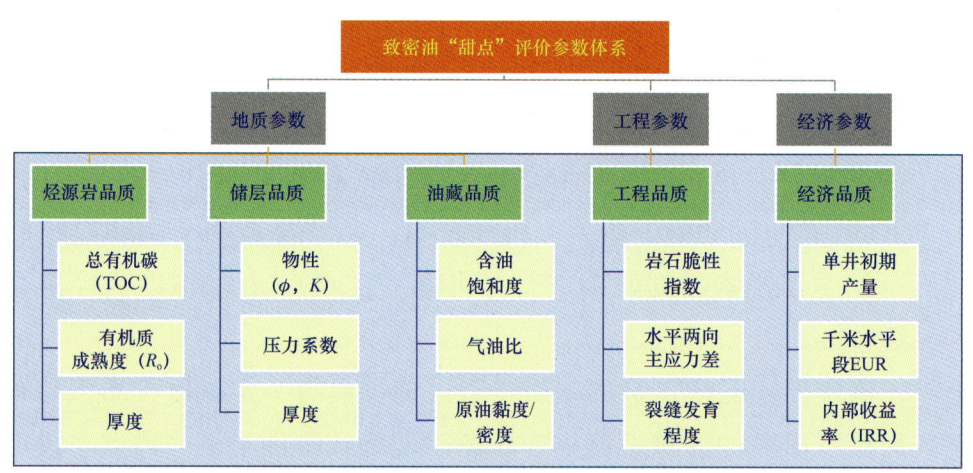

图2-20 致密油"甜点"评价参数体系

第三节 致密油"甜点"分级评价指标

如前所述，致密油"甜点"评价的关键参数有地质、工程和经济三方面，涵盖烃源岩、储层、油藏、工程和经济5种品质，通过对中国陆相体系典型致密油产区不同类型（碎屑岩型、混积岩型、碳酸盐岩型、凝灰岩型）致密油"甜点"的特征地质评价参数系统梳理，明确不同类型致密油"甜点"的关键评价参数，结合致密油勘探开发成果，确定其分级评价指标，供致密油"甜点"评价工作中选择性参考。

一、碎屑岩型致密油"甜点"评价指标

碎屑岩型致密油主要在中国鄂尔多斯盆地延长组和松辽盆地白垩系发育，本节以此为研究对象，开展碎屑岩型致密油"甜点"评价参数与标准研究。

（一）烃源岩品质评价

烃源岩品质主要考虑烃源岩成熟度和有机碳含量。以松辽盆地青山口组烃源岩为例，样品实测统计结果显示（图2-21），烃源岩镜质组反射率 R_o 为 0.75%～1.3%，优质烃源岩 HI 从 750mg/g TOC 降到 200mg/g TOC，排烃效率为 85%，与实验结论相符。根据拐点值将 R_o 划分为三类，即 1.0%～1.3% 为 I 类，0.75%～1.0% 为 II 类，0.5%～0.75% 为 III 类。最大排烃量与原始有机碳、生烃潜量存在正相关性（图2-22）。当 TOC>2.5%（TOC>2%）、S_1+S_2>10mg/g，排烃量急剧增大，对应烃源岩为 I 类烃源岩；当 TOC 为 1%～2.5%（TOC 为 1%～2%）、S_1+S_2 为 4～10mg/g，排烃量缓慢增加，对应烃源岩为 II 类烃源岩；TOC 在 1% 以下为 III 类烃源岩。

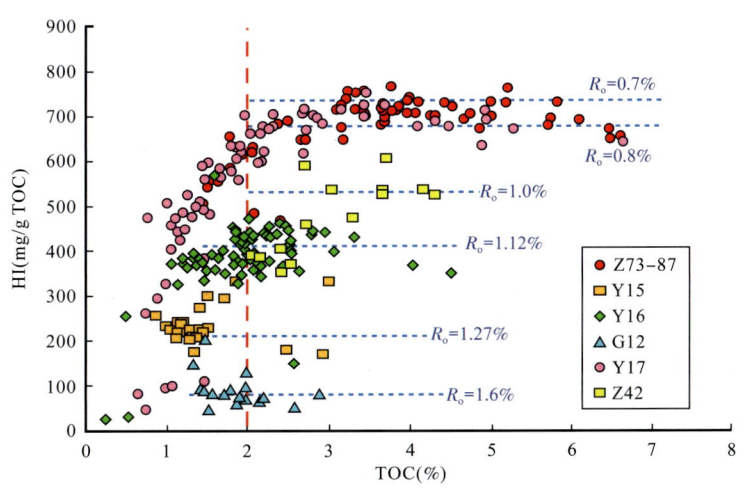

图 2-21　松辽盆地青山口组烃源岩 TOC 与 HI 关系图

（二）储层品质评价

储层品质主要考虑孔隙度、渗透率、含油饱和度和压力系数等。参数指标

分级主要依据孔隙度、渗透率和含油产状、热解烃含量关系，以油斑作为油层含油性下限，建立物性评价参数标准。以松辽盆地为例，选取40口井扶余油层和高台子油层共1396个样点分析孔隙度、渗透率和含油产状的关系，以油斑作为油层含油性下限（图2-23）。同时，选取鄂尔多斯盆地N22等井进行延长组长7段致密油层热解烃含量与储层物性相关性分析（图2-24），孔隙度和渗透率指标呈现出与松辽盆地相近的区间分布特征。含油饱和度指标分析以松辽盆地南部致密油储层为例，分析其孔隙度、含油饱和度关系，来确定含油饱和度标准。综合松辽盆地和鄂尔多斯盆地碎屑岩类致密油储层参数样品分析结果，根据其关系和拐点值将孔隙度高于12%的划分为Ⅰ类，8%~12%的为Ⅱ类，5%~8%的为Ⅲ类；渗透率介于0.1~1.0mD的划分为Ⅰ类，0.05~1.0mD的为Ⅱ类，0.02~0.1mD的为Ⅲ类。含油饱和度大于60%的划分为Ⅰ类，40%~60%的划分为Ⅱ类，25%~40%的划分为Ⅲ类（图2-25）。

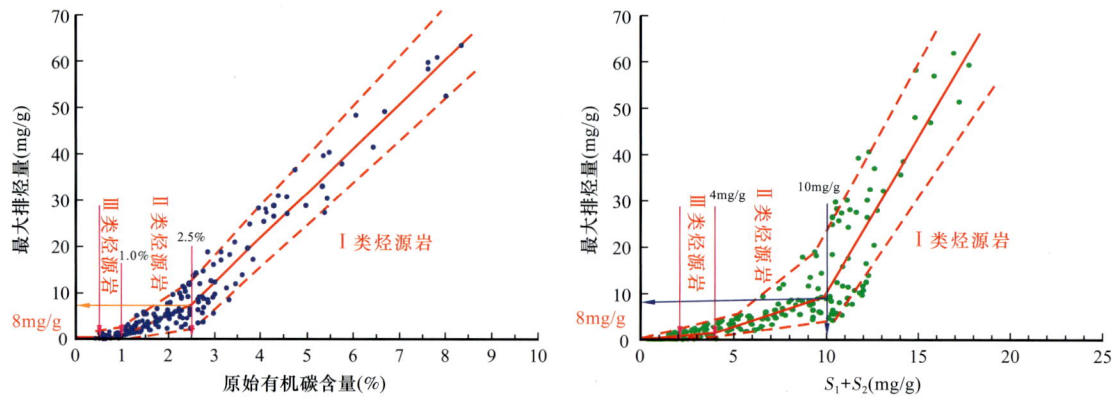

图2-22 松辽盆地青山口组烃源岩最大排烃量与原始有机碳和生烃潜量关系图

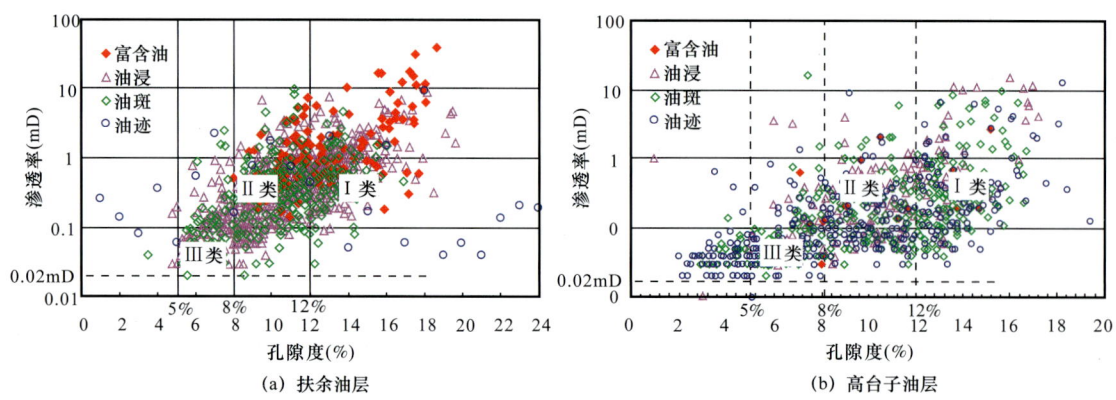

图2-23 松辽盆地储层分类评价图

第二章 致密油"甜点"评价指标体系

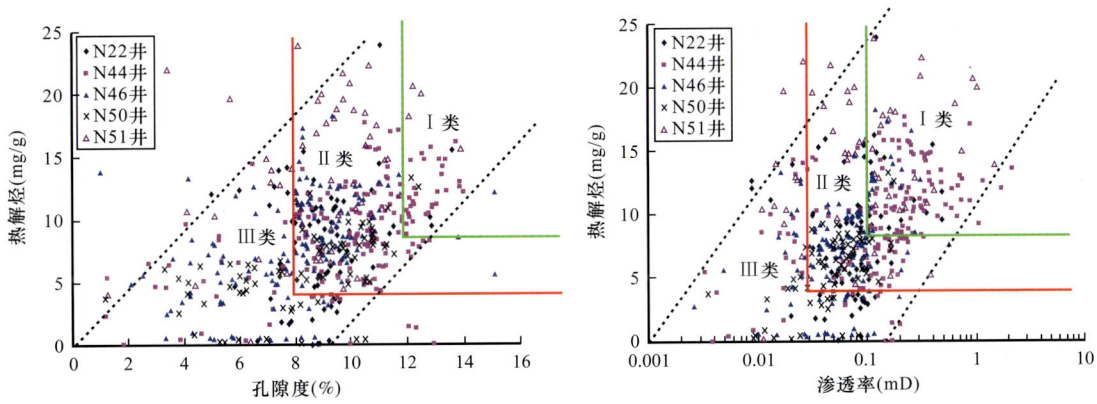

图 2-24 鄂尔多斯盆地长 7 段致密油热解烃含量与储层物性相关性图

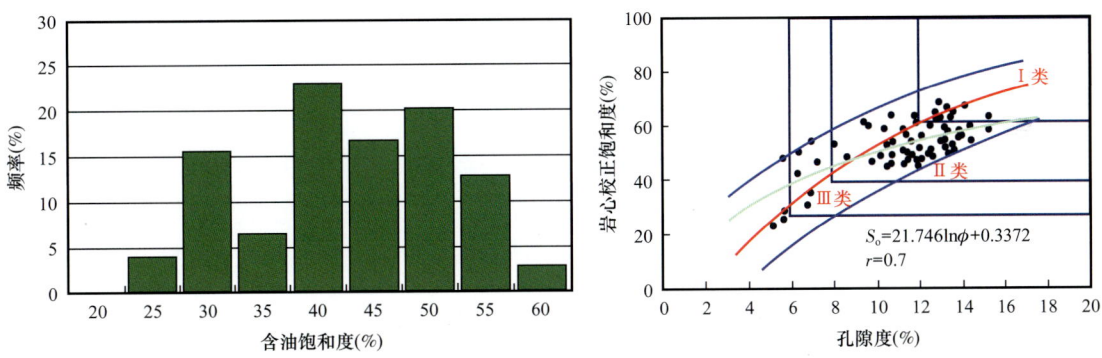

图 2-25 松辽盆地南部含油饱和度频率分布图与岩心回归饱和度图版

(三) 油藏品质评价

油藏品质主要考虑致密油油层含油饱和度、气油比、原油密度和原油黏度参数来进行。气油比是反映致密油中溶解天然气能力的指标，气油比是指在地下油层条件下，原油中溶解有天然气的数量；天然气溶于石油中可以导致石油体积的膨胀，相对密度和黏度降低，降低流体液柱压力，使油井更易自喷，有利于石油开采。气油比和油层压力一样，是油井自喷能力的主要指标。气油比影响原油体积系数，是弹性能量的重要来源，依据原油体积系数与 GOR 关系可划分为低、中、高气油比原油，分界划分在 $20m^3/m^3$、$100m^3/m^3$ 左右。例如鄂尔多斯盆地长 7 段致密油平均黏度为 $1.55mPa·s$，原始气油比为 $60\sim120m^3/m^3$，平面分布差异是控制"甜点"的重要因素。原油黏度和密度是反映致密油原油性质的重要指标。影响原油黏度的因素为原油成分、温度、溶解气体、压力等。考虑到致密油原油黏度的变化特征和现有的分类经验，确定分级标准为 10mPa·s、50mPa·s。一般情况下，原油的相对密度/密度越小，所含轻组分越多，黏度也越小，反之亦然。总体上，致密油流体性质越好，越利于致密油"甜点"区的富集高产。因此，最后选取气油比和原油黏度作为油藏品质分级评价的重要参数，将气油比指标高于 100m³/m³ 的划为Ⅰ类，20～100m³/m³ 的划为Ⅱ类，小于 20m³/m³ 的划为Ⅲ类；原油黏度小于 10mPa·s 的划为Ⅰ类，10～50mPa·s 的划为Ⅱ类，大于 50mPa·s 的划为Ⅲ类。

（四）工程品质评价

致密储层的压裂改造效果取决于两向应力差、储层的脆性和裂缝发育程度。据此确定岩石脆性指数、两向应力差和裂缝发育程度为工程品质分级评价的主要参数。储层脆性目前室内实验可以准确评价，但难以推广到施工现场。对于采用测井或者地震资料计算岩石力学参数，然后计算脆性，目前仅适用于页岩，其他储层也仅供借鉴。脆性指数大于 70% 易形成复杂人工裂缝网络，大于 40% 裂缝网络趋于简单。两向应力差在相同应力差条件下，不同岩性形成分支缝的概率相同，因此取值一样。水平应力差小于 3MPa 易形成复杂人工裂缝网络，大于 5MPa 裂缝网络趋于简单。天然裂缝发育程度模拟实验结果显示，线密度越大，裂缝越复杂，越有利于增产。其中，碎屑岩型致密储层数值模拟表明，天然裂缝发育程度对产量呈现三个区，裂缝密度 0.25 条/m 以上产量较高，0.1 条/m 以下产量较低，0.1～0.25 条/m 处于过渡区。因此，最后将水平两向应力差指标低于 3MPa 的划为Ⅰ类，3～5MPa 的划为Ⅱ类，高于 5MPa 的划为Ⅲ类；脆性指数高于 70% 的划为Ⅰ类，40%～70% 的划为Ⅱ类，低于 40% 的划为Ⅲ类。天然裂缝按发育程度分级，大于 0.25 条/m 的划为Ⅰ类，0.1～0.25 条/m 的划为Ⅱ类，低于 0.1 条/m 的划为Ⅲ类。

（五）经济品质评价

经济品质主要考虑单井初期产量、EUR 和内部收益率等主要参数，因为致密油"甜点"区一定是能效益开发的地质单元，效益的高低取决于"甜点"区致密油单井初期产量、EUR 和内部收益率。据此确定单井初期产量、EUR 和内部收益率为经济品质评价的重要参数。根据鄂尔多斯和松辽盆地致密油区主要探井和生产井的生产特点分析结果，Ⅰ类经济品质的单井初期产量高于

$25m^3/d$、千米水平井的 EUR 取值大于 $3×10^4m^3$；Ⅱ类经济品质的单井初期产量取值区间为 $10\sim25m^3/d$、千米水平井的 EUR 取值区间为 $(1\sim3)×10^4m^3$；Ⅲ类经济品质的单井初期产量取值区间为 $0.5\sim10m^3/d$、千米水平井的 EUR 取值区间为 $(0.1\sim1)×10^4m^3$。内部收益率取值可以根据不同致密油区的地质条件、作业成本水平等划定分级标准。

综上所述，考虑碎屑岩类致密油烃源岩、储层、油藏、工程和经济 5 种品质 15 项关键参数取值标准，确定碎屑岩类致密油"甜点"分级评价参数取值标准（表 2-1）。需要说明的是，表中 15 项参数视具体致密油区块的地质条件、"甜点"主控因素和已有的参数数据基础，可进一步删减，指标取值也可以进一步优化，总体上以致密油"甜点"区能进行客观分级评价为目标导向。

表 2-1 碎屑岩型致密油"甜点"分级评价指标

评价参数			Ⅰ类	Ⅱ类	Ⅲ类
烃源岩品质	总有机碳 TOC（%）	泥岩	>2.0	1.0~2.0	0.5~1.0
		页岩	>7.0	2.5~7.0	<2.5
	镜质组反射率 R_o（%）		1.3~1.0	0.75~1.0	0.5~0.75
	烃源岩厚度（m）		>200	50~200	20~50
储层品质	孔隙度（%）		>12	8~12	5~8
	渗透率（mD）		0.1~1.0	0.05~1.0	0.02~0.1
	含油饱和度（%）		>60	40~60	25~40
	储层厚度（m）		>15	10~15	5~10
油藏品质	压力系数		>1.2	1.0~1.2	<1.0
	黏度（mPa·s）		<10	10~50	50
	气油比（m^3/m^3）		100	20~100	<20
工程品质	天然裂缝密度（条/m）		>0.25	0.1~0.25	<0.1
	水平两向主应力差（MPa）		<3	3~5	>5
	岩石脆性指数（%）		>70	40~70	<40
经济品质	单井初期产量（IP90）（m^3/d）		>25	10~25	0.5~10
	千米水平段 EUR（10^4m^3/km）		>3	1~3	0.1~1

二、混积岩型致密油"甜点"评价指标

混积岩型致密油主要在中国西部准噶尔盆地东部吉木萨尔凹陷二叠系发育。新疆准噶尔盆地属于乌拉尔—内蒙古复合造山带的一部分,该盆地与造山带呈近东西向分布,盆地四周由天山造山带、阿尔泰山造山带和博格达山造山带包围,与其相邻的盆地有吐哈盆地、伊利盆地和三塘湖盆地等。吉木萨尔凹陷位于准噶尔盆地东南部(东经88°37′—89°17′,北纬43°58′—44°19′),面积约为1278km^2,构造上西邻西地断裂,东接古奇凸起,北邻吉木萨尔断裂,南连三台断裂,是一个在中石炭统褶皱基底上发育的西深东浅的箕状凹陷(图2-26)。二叠系芦草沟组的分布整体呈现为北、西、南三面由吉木萨尔断裂、Q1井南1号断裂、西地断裂、三台断裂和后堡子断裂围限,向东部逐渐变薄直至尖灭的特征,最大厚度分布区在中南部,沿J251—J31—J23井一线,向西至西地断裂下盘,呈宽缓带状展布,向南、向东减薄较快,向北减薄较缓,通过一个"鞍部"向北过渡到由吉木萨尔断裂和Q1井南1号断裂围限的三角状较厚区。

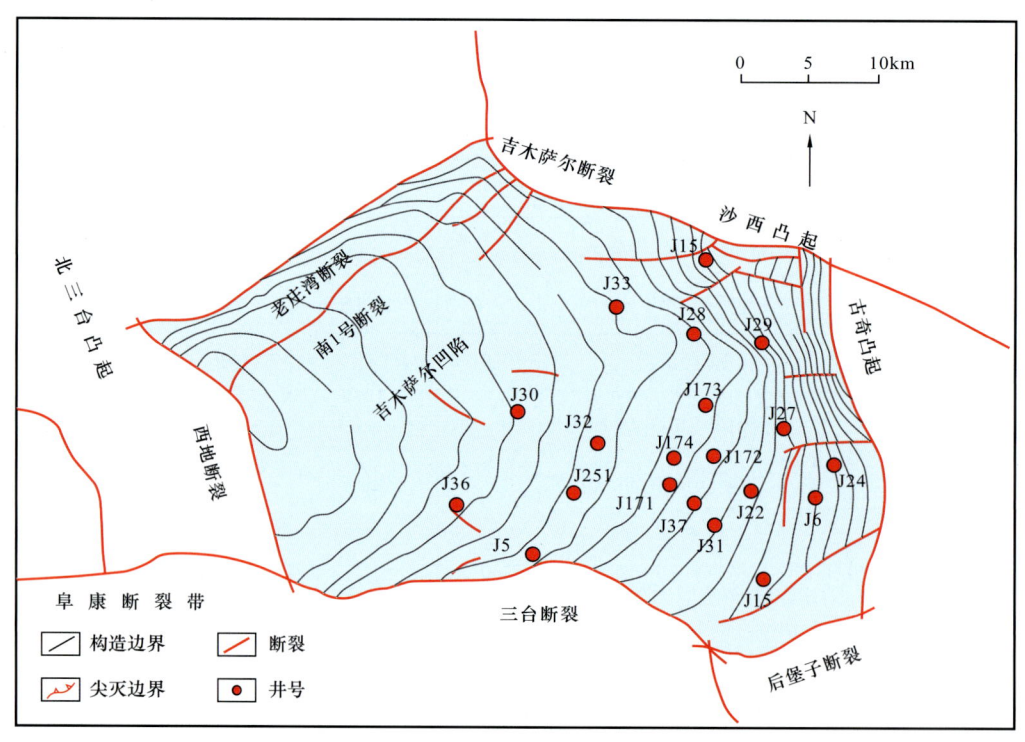

图2-26 准噶尔盆地吉木萨尔凹陷构造地质图

吉木萨尔凹陷石油地质条件优越，是盆地二叠系主要生烃凹陷之一，烃源条件极佳，二叠系芦草沟组有机碳为5.16%、S_1+S_2为20.98mg/g，是盆地内品质最好的烃源岩之一，埋藏深度适中（1500～4500m），在芦草沟组二段和一段中各包含一套岩性主要为云质岩类的致密储层，这两段区域的生储盖组合良好，是致密油勘探有利层位。研究区域内致密油的特征是从垂向上看，发育有上下两套"甜点"体，从横向上看，分布范围大。芦草沟组储集层段各种岩性的渗透率普遍低于1mD。存在"甜点"的岩性主要有四种，分别是砂屑云岩、粉细砂岩、云屑砂岩、云质粉砂岩，总体上芦草沟组致密油"甜点"区表现为中—低孔、低渗—特低渗的储集性特点。通过对取心资料分析可知，芦草沟组上"甜点"体的覆压孔隙度平均值为9.4%，覆压渗透率的平均值为0.0637mD；芦草沟组下"甜点"体的孔隙度平均值为9.34%，覆压渗透率平均值为0.0231mD。上下两套"甜点"体的覆压渗透率平均值均低于0.1mD，具有典型致密油储层特征。

（一）烃源岩品质评价

烃源岩品质主要考虑烃源岩总有机碳含量和镜质组反射率。吉木萨尔凹陷芦草沟组在咸水—半咸水环境中发育的泥岩和藻云岩有机质丰度高，均为主力优质烃源岩。烃源岩总有机碳（TOC）值相对较稳定（图2-27），可以作为该区建立烃源岩评价的基础，结合侯读杰等提出的国内优质烃源岩的划分标准，参考J174井烃源岩TOC—深度关系（图2-28）建立了该区优质烃源岩的评价指标。将TOC大于8%，产油潜量大于80mg/g的烃源岩定为有机质富集层；TOC为4%～8%，产油潜量为40～80mg/g的烃源岩定为优质烃源岩，TOC范围在1.8%～4%之间，产油潜量在10～40mg/g之间定为好烃源岩。将TOC下限值确定为有效烃源岩TOC最低含量1.3%。另外，总有机碳含量按五大类岩性分析，上下"甜点"段及之间烃源岩有机碳含量较高（2%～10%）；在岩性上，白云岩及泥岩总有机碳含量较高，粉细砂岩总有机碳含量很低（小于1.5%）。芦草沟组烃源岩291块样品的TOC与S_1+S_2关系图（图2-29）可以确定S_1+S_2值20mg/g、6mg/g对应的TOC值分别为Ⅰ类、Ⅱ类烃源岩TOC下限，选值为4.5%、2.5%；有效烃源岩TOC最低含量1.3%确定为TOC下限值（表2-2）。

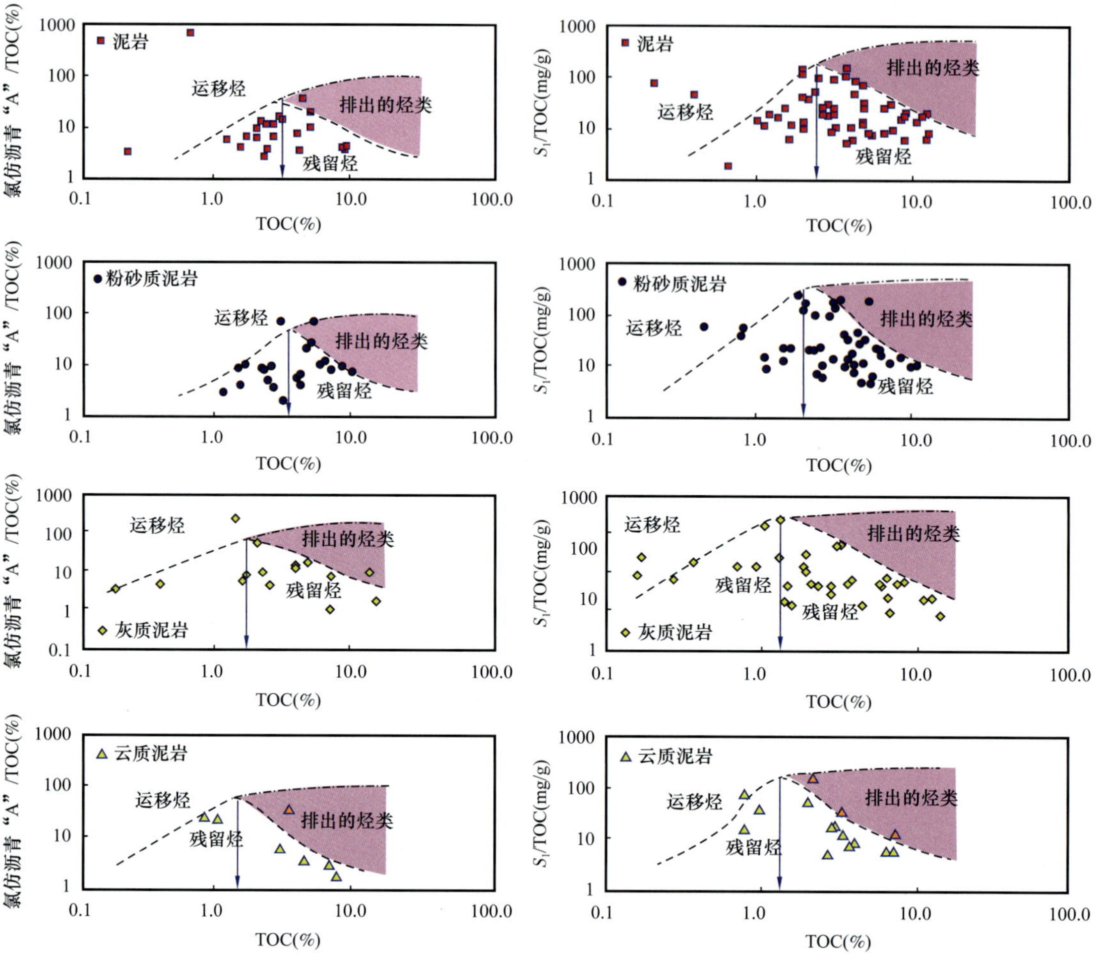

图 2-27 不同岩性 TOC 含量与烃类含量变化图

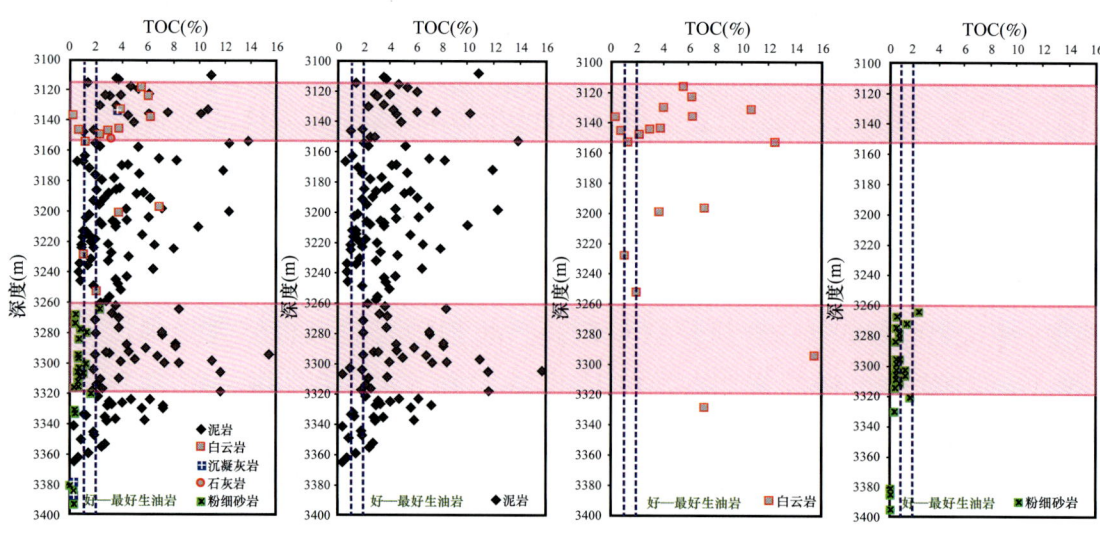

图 2-28 吉木萨尔凹陷 J174 井烃源岩 TOC—深度关系图

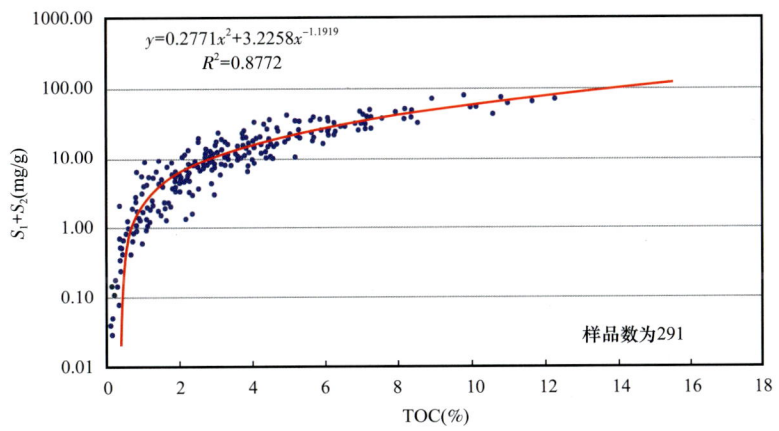

图 2-29 吉木萨尔凹陷芦草沟组烃源岩 TOC 与 S_1+S_2 关系图

表 2-2 不同岩性排烃 TOC 含量下限表　　　　　　　　　　单位：%

岩性	氯仿沥青"A"/TOC 法	S_1/TOC 法	TOC 下限平均值
泥岩	2.70	2.30	2.50
粉砂质泥岩	3.30	2.30	2.80
灰质泥岩	1.60	1.30	1.45
云质泥岩	1.30	1.30	1.30

依据 J5 井芦草沟组烃源岩热模拟分析结果显示，当有机碳生排烃总量为 500mg/g TOC，R_o 为 1.01%，取 R_o>1% 为Ⅰ类储层；当有机碳生排烃总量为 350mg/g TOC，R_o 为 0.88%，取 R_o 为 0.85%～1.0% 为Ⅱ类储层；R_o 为 0.5%～0.85% 为Ⅲ类储层，以此来确定烃源岩镜质组反射率 R_o 分级的标准。

（二）储层品质评价

储层品质主要考虑孔隙度、渗透率、含油饱和度和压力系数等。吉木萨尔凹陷芦草沟组致密油储层物性好时致密油的含油性、可改造性也好，也就是在同一地区，"甜点"物性越好，产量就会越高，且该区储层孔隙度与渗透率具有好的正相关性，因此，可将储层物性中的孔隙度作为储层分类的敏感参数。吉木萨尔凹陷芦草沟组致密油储层覆压孔隙度平均为 10.8%、覆压渗透率为 0.001～0.6mD，孔隙度和渗透率具有较好正相关性（相关系数 0.83），当常压孔隙度大于 12% 时，覆压孔隙度减小幅度小于 5%，83% 的样品覆压渗透率减小幅度小于 50%；当常压孔隙度大于 8% 时，91% 的样品覆压孔隙度减小幅度小于10%，57%的样品覆压渗透率减小幅度小于50%。同时J174井91个样品常压和覆压孔渗关系显示，对应于孔隙度12%、8%，渗透率数值出现突变，综合考虑取孔隙度12%和8%分别作为Ⅰ类、Ⅱ类储层孔隙度的下限。致密油岩心样品在驱替洗油时，孔隙度大于5%的样品能在一定的驱替压力（最高20MPa）下清洗出油，个别孔隙度5%左右的样品，孔喉结构较好，渗透率相对较大，也可以驱替出油。驱替洗油过程中驱替不动的样品，孔隙度都小于5%，因此将孔隙度5%作为Ⅲ类储层孔隙度的下限值。根据芦草沟组取心含油饱和度与孔隙度交会图（图2-30），建立含油饱和度评价指标。含油饱和度与孔隙度交会图显示，"甜点"含油饱和度大，多在60%以上；泥岩也有较高的含油饱和度。根据上述分析方法和结果，将孔隙度高于12%的储层划为Ⅰ类，8%～12%的划为Ⅱ类，5%～8%的划为Ⅲ类；渗透率高于0.1mD的划为Ⅰ类，0.025～0.1mD的划为Ⅱ类，0.007～0.025mD的划为Ⅲ类。含油饱和度大于70%的储层划为Ⅰ类，50%～70%的划为Ⅱ类，30%～50%的划为Ⅲ类（图2-31）。

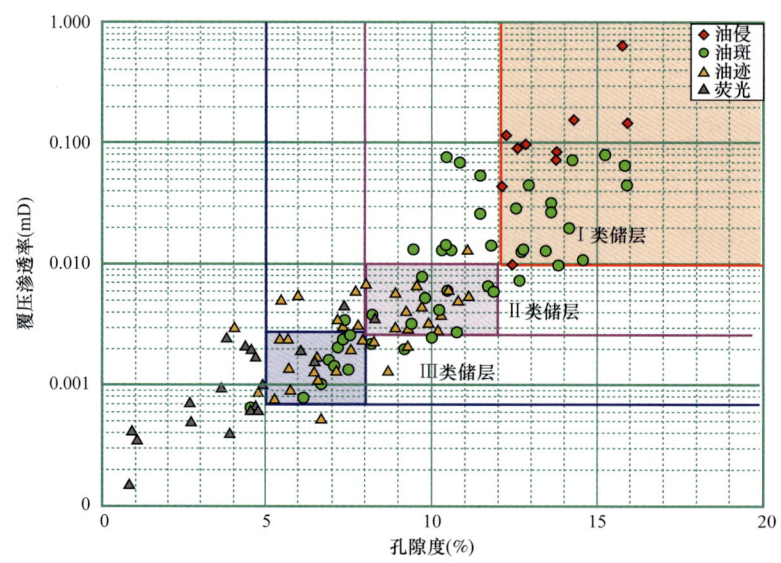

图2-30 芦草沟组岩心描述含油级别与覆压孔渗关系

依据国内外勘探开发经验，致密油勘探开发成本较常规石油高，要实现经济勘探开发，需在考虑经济效益的基础上优选勘探"甜点"区。按照目前的成本测算，吉木萨尔地区1200m水平井极限经济产油量为$1.5×10^4$t，在此经济前提条件控制下，计算各类"甜点"储层的经济厚度下限值，进而指导开展"甜点"体的储层区划分。根据目前的压裂监测资料，获取压裂缝宽值，计算单井压裂沟通平面泄油面积，确定单位面积内采油量下限。再依据Ⅰ类、Ⅱ类、Ⅲ类"甜点"储层孔隙度的下限分别取值12%、8%和5%，确定Ⅰ类、Ⅱ类、Ⅲ类"甜点"储层单位面积采油所需储层厚度下限值分别为25m、10m和7m。

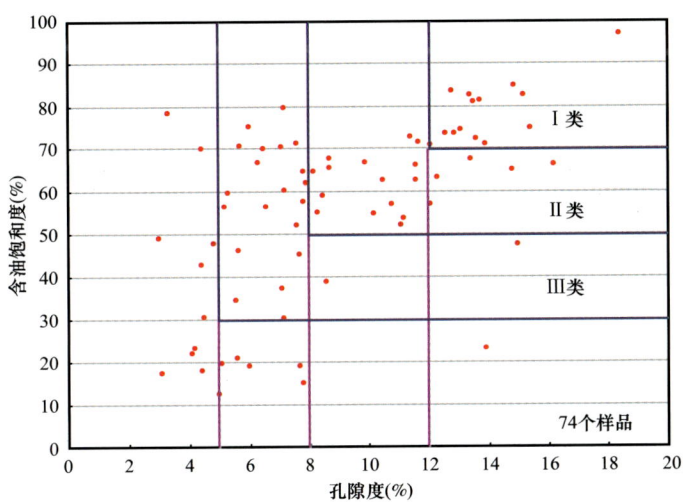

图2-31　吉木萨尔凹陷J176井、J34井岩心含油饱和度与孔隙度交会图

（三）油藏和工程品质评价

油藏和工程品质评价可以借鉴碎屑岩类致密油"甜点"分级评价方法来确定分级标准。最后，确定出混积岩型致密油"甜点"分级评价指标（表2-3）。

表2-3　混积岩型致密油"甜点"分级评价指标

	评价参数	Ⅰ类	Ⅱ类	Ⅲ类
烃源岩品质	总有机碳TOC（%）	>4.5	2.5～4.5	1.3～2.5
	镜质组反射率R_o（%）	1.0～1.3	0.85～1.0	0.5～0.85
	烃源岩厚度（m）	>150	50～150	<50
储层品质	孔隙度（%）	>12	8～12	5～8
	渗透率（mD）	>0.1	0.025～0.1	0.007～0.025
	含油饱和度（%）	>70	50～70	30～50
	储层厚度（m）	>25	10～25	7～10
	压力系数	>1.2	1.0～1.2	0.7～1.0

续表

评价参数		Ⅰ类	Ⅱ类	Ⅲ类
油藏品质	黏度（mPa·s）	<10	10～50	>50
	气油比（m³/m³）	>100	100～20	<20
工程品质	天然裂缝密度（条/m）	>0.25	0.125～0.25	<0.125
	水平两向主应力差（MPa）	>3	3～5	>5
	岩石脆性指数（%）	>70	40～70	<40
经济品质	单井初期产量（IP90）（m³/d）	>20	10～20	0.5～10
	千米水平段 EUR（10⁴m³/km）	>2	1～2	0.1～1

（四）经济品质评价

经济品质评价可以借鉴碎屑岩类致密油"甜点"经济评价指标确定分级标准。

三、凝灰岩型致密油"甜点"评价指标

凝灰岩型致密油主要在中国西部三塘湖盆地二叠系发育，本节以此为研究对象，开展凝灰岩型致密油"甜点"评价参数与标准研究。

（一）烃源岩品质分级评价

三塘湖盆地二叠系主要发育条湖组和芦草沟组两套烃源岩，这两套烃源岩主要分布在条湖凹陷南缘斜坡带、马朗凹陷中央—北斜坡区。其中，条湖组烃源岩分布范围广，除盆地边缘的地层剥蚀较为严重外，在中央凹陷区几乎全区分布，厚度均大于50m，最大钻遇厚度为814m，有效烃源岩面积达3000km²。条湖组烃源岩与下伏的高孔特低渗凝灰岩紧密叠置，为致密储层中的石油充注提供了良好条件，同时，该套泥岩作为下伏油藏的有效盖层，为油藏的有效保存提供了保障（陈旋等，2018）。条湖组烃源岩为泥岩、沉凝灰岩，厚度为100～300m，母质类型为Ⅱ₂型—Ⅲ型，有机碳含量为0.97%～2.62%，S_1+S_2平均为2.59mg/g，综合评价为中—差烃源岩，对致密油有一定的贡献。凝灰岩型致密油的油源主要来自下伏芦草沟组。芦草沟组烃源岩厚度大、品质

好，是致密油的主要油源提供者；其烃源岩厚度介于100~600m，岩性以泥岩、凝灰岩泥岩、白云质泥岩为主，富含藻类，有机质呈纹层富集态分布；母质类型为Ⅰ型—Ⅱ型，显微组分以腐泥组为主；有机碳含量为3.87%~7.96%，S_1+S_2为19.45~27.11mg/g，为一套优质烃源岩，处于低成熟—成熟阶段，R_o=0.5%~1.1%，以生成液态烃为主。综合分析，将油源品质划分为三类，即R_o值1.0%~1.3%、TOC大于4.5%为Ⅰ类；R_o值为0.65%~1.0%、TOC介于2.5%~4.5%为Ⅱ类，R_o值为0.5%~0.65%、TOC介于1.3%~2.5%为Ⅲ类。当TOC>2.5%（TOC>2%）、S_1+S_2>10mg/g，排烃量急剧增大，对应Ⅰ类烃源岩；当TOC为1%~2.5%（TOC为1%~2%）、S_1+S_2为4~10mg/g，排烃量缓慢增加，对应Ⅱ类烃源岩；1%以下为Ⅲ类烃源岩。

（二）储层品质评价

条湖组二段储层储集空间以基质微孔、脱玻化晶间微孔、溶蚀微孔和微裂缝为主。据陈旋等（2014）对条湖组二段5口井60个孔隙度样品和69个渗透率样品进行统计分析，孔隙度为5.5%~24.4%，普遍高于10.0%，平均为16.0%；渗透率小于0.5mD的样品占90%以上，平均为0.24mD，储层具有中高孔特低渗特征。从大量实测的条湖组含沉积有机质凝灰岩的孔隙度和渗透率数据统计结果表明，凝灰岩储层具有高孔低渗的特点，孔隙度分布在10%~25%之间。含沉积有机质凝灰岩的孔隙度明显大于其他类型致密储层的孔隙度，致密的粉细砂岩和碳酸盐岩的孔隙度一般为10%~12%，空气渗透率大都小于1.0mD，分布在0.01~0.5mD之间。基于地震、录测井、试采等资料，开展火山喷发期次、火山机构、储层沉积环境、岩石学特征、孔喉结构特征和成藏富集研究。马朗凹陷条湖组二段凝灰岩处于低成熟—成熟早期阶段，条湖组二段油藏储集空间以基质微孔、脱玻化晶间微孔、溶蚀微孔和微缝等"四微"孔隙为主，存在少量有机孔，孔隙度平均为16.1%，渗透率平均为0.24mD，属中高孔特低渗储层。根据综合分析结果，将凝灰岩类致密油储层品质分为三类，即将孔隙度高于15%、渗透率介于0.1~1mD的储层划分为Ⅰ类，孔隙度介于8%~15%、渗透率介于0.01~0.1mD的为Ⅱ类，孔隙度介于5%~8%、渗透率小于0.01mD的为Ⅲ类。

（三）油藏品质评价

前人从沉积构造背景、源储形成机理等方面对马朗凹陷马中地区条湖组凝灰岩致密油的形成控制因素进行了分析。分析条湖组二段5口井60个孔隙度样品和69个渗透率样品，条湖组二段凝灰岩储层含油饱和度较高，为50%～90%，平均为67%，含油性极好（陈旋等，2014）。条湖组致密油层孔隙度与含油性呈正相关，油藏表现出高孔特低渗和高含油饱和度特点，且R^2为0.6547，相关度较高（图2-32）。基于岩心分析、岩电实验及录测井资料相结合，建立储层饱和度计算模型，取值50%和65%。油藏品质分三级，即含油饱和度高于65%的储层为Ⅰ类，介于50%～65%的为Ⅱ类、小于50%的为Ⅲ类。

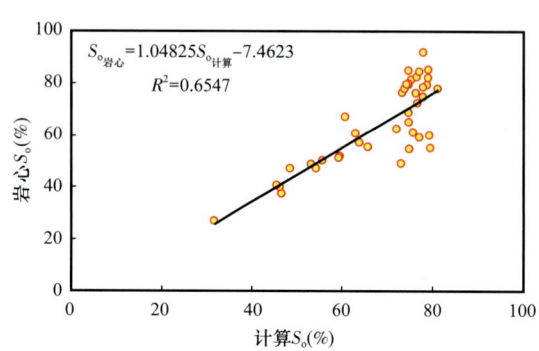

图2-32 计算含油饱和度与岩心含油饱和度关系图

（四）工程品质评价

目前三塘湖盆地二叠系致密油已发现工业油流和低产油流的井主要分布于条二段玻屑晶屑凝灰岩中，应用地震、测井、录井和分析化验资料，采用三种方法，即基于岩石全应力—应变脆性评价、岩心全岩矿物衍射分析及测井资料计算条湖组致密油储层脆性指数，三种方法计算得到的脆性指数数值差异不大，为31%～58%（表2-4）。天然裂缝发育线密度越大，裂缝越复杂，越有利于增产。凝灰岩型致密储层数值模拟表明，天然裂缝密度在0.33条/m以上产量较高，0.2条/m以下产量较低，裂缝密度为0.2～0.33条/m的处于过渡区。最后，将脆性指数高于50%的储层划分为Ⅰ类，30%～50%的为Ⅱ类，低于30%的为Ⅲ类。天然裂缝按发育程度分级，裂缝密度大于0.33条/m的储层为Ⅰ类，0.2～0.33条/m的为Ⅱ类，低于0.2条/m的为Ⅲ类。

（五）经济品质评价

经济品质评价可以借鉴碎屑岩类致密油"甜点"经济评价指标确定分级标准。

表 2-4　条湖组致密油储层脆性评价结果（据梁浩等，2014）

井名	脆性指数（%）		
	岩石应力法	全岩矿物衍射法	测井评价法
M56	47	58.0	51
M55	31	41.0	54
Lu1	54	57.8	46

在明确凝灰岩型致密油形成的基本地质条件下，结合三塘湖盆地致密油勘探实际，建立了凝灰岩类致密油"甜点"分级评价指标（表2-5）。

表 2-5　凝灰岩型致密油"甜点"分级评价指标

评价参数			Ⅰ类	Ⅱ类	Ⅲ类
地质参数	烃源岩品质	总有机碳TOC（%）	>4.5	2.5~4.5	1.3~2.5
		镜质组反射率R_o（%）	1.0~1.3	0.65~1	0.5~0.65
		源岩厚度（m）	130~250	100~270	100~280
	储层品质	孔隙度（%）	>15	8~15	5~8
		渗透率（mD）	0.1~1.0	0.01~0.1	<0.01
		压力系数	>1.2	1.0~1.2	0.7~1.0
		储层厚度（m）	10~30	5~25	5~25
	油藏品质	含油饱和度（%）	>65	50~65	<50
		气油比（m³/m³）	>100	20~100	<20
		原油黏度（mPa·s）	<10	10~50	>50
工程参数	工程品质	天然裂缝密度（条/m）	>0.33	0.2~0.33	<0.2
		水平应力差（MPa）	<3	3~5	>5
		岩石脆性指数（%）	>50	30~50	<30

四、碳酸盐岩型致密油"甜点"评价指标

碳酸盐岩型致密油主要在中国西部四川盆地侏罗系发育，本节以此为研究对象，开展碳酸盐岩型致密油"甜点"评价参数与标准研究。侏罗纪湖盆范围较大，湖平面波动频繁，半深湖—深湖烃源岩与碳酸盐岩或三角洲前缘席状砂

-47-

互层，细粒沉积物在埋深加大过程中，由于压实作用和胶结作用，储层逐渐致密化。储层主要为源内或与烃源岩呈互层。储层呈席状、透镜状直接包裹于烃源岩中，构成源储一体（图2-33）。

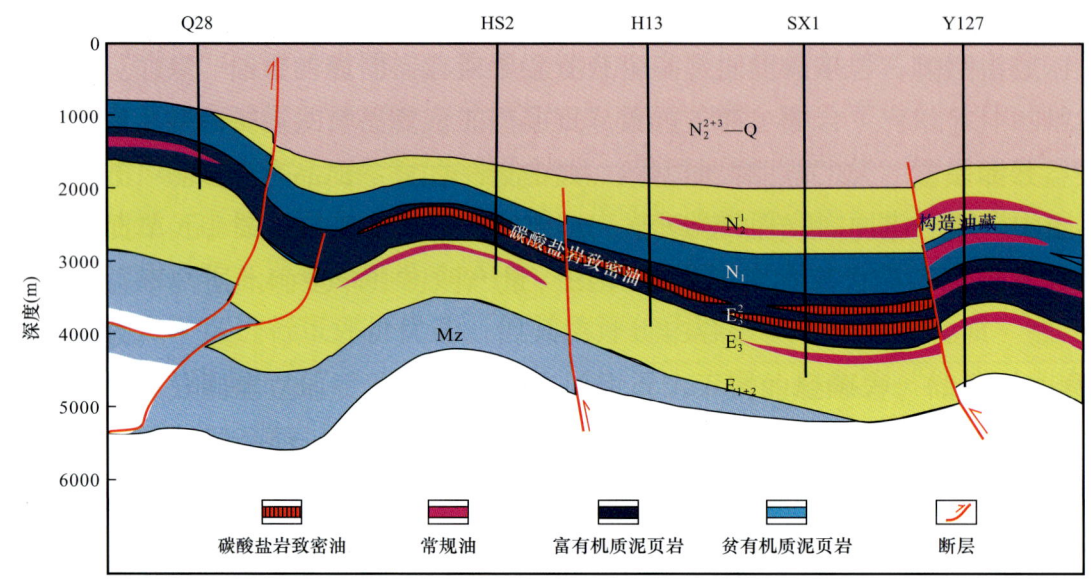

图 2-33 碳酸盐岩"甜点"形成模式图

（一）烃源岩品质评价

在测井和地震资料解释的基础上进行地震岩石物理分析及建模，确定页岩储层岩石物理特征，并建立"甜点"评价参数与敏感弹性参数间的定量关系，利用此定量关系进行井震结合全道集叠前弹性参数反演，从而预测 TOC、储层厚度、地层压力、页岩脆性等评价参数的空间分布。预测结果显示，致密油"甜点"分布主要受富有机质烃源岩控制，与有效烃源岩厚度关系不密切。通过对川中地区 49 口井暗色泥页岩岩心样品的系统分析，结合致密油勘探开发成果，发现致密油"甜点"不受有效烃源岩厚度控制，而集中分布在烃源岩 TOC 高值区及其周边。凉高山组和大安寨段工业油井绝大多数都在 TOC 大于 1.2％ 的富有机质烃源岩分布区内，大安寨段已发现的 5 个油田都在 TOC 大于 1.4％ 的优质烃源岩分布区内及周缘。初步分析认为：虽然 TOC 大于 1％ 的烃源岩都对致密油富集有贡献，但高有机质丰度烃源岩的贡献远大于低有机质丰度烃源岩（李登华等，2016）。

通过系统分析四川盆地中部地区（川中地区）大安寨段致密油的基本地质

第三章　致密油"甜点"测井评价技术

针对致密油"甜点"测井评价中的难题，本章重点介绍致密油"甜点"测井评价目前面临的问题，烃源岩品质、储层品质和工程品质测井评价方法和技术，以及融合烃源岩、储层和工程"三品质"的"甜点"区测井综合评价优选技术，可为致密油勘探开发优化部署，以及为水平井设计和压裂施工提供技术参考和借鉴。

第一节　致密油"甜点"测井评价技术现状

致密油并非仅仅意味着储层渗透率极低，其内涵是指与生油岩相伴生或与其直接接触的致密储层中经短距离运移或没有运移而形成的石油聚集，无明显圈闭边界。致密油一般夹持在生油岩系统中，或邻近生油岩的粉砂岩—细砂岩、碳酸盐岩等储层中的油，孔渗条件极差、喉道细小、产能低，通常需要改造才能获得工业油流和维持正常生产。

中国致密油主要分布在准噶尔、吐哈、鄂尔多斯、四川、渤海湾和松辽等盆地，其中尤以鄂尔多斯盆地三叠系延长组长 7 段最为典型，是目前国内规模最大的致密砂岩油储量落实区块。根据近几年的勘探实践，可以将这几个重点地区的致密砂岩储层进一步划分为近源型和源内薄互层型两大类，它们各自具有不同的沉积环境，但一般具有相近的岩石物理特征，是近几年中国石油勘探和增储上产的主要地质目标之一。

地质研究表明，在致密砂岩形成过程中，除了沉积作用和构造运动之外，还有对砂岩致密化影响最大的成岩作用。成岩作用过程中，压实作用和胶结作用大大降低了储层的孔渗条件，黏土等矿物的充填也是孔渗降低的主要原因。致密砂岩的显著特征就是渗透率很低、孔隙结构复杂，特别是在胶结作用较强或黏土矿物较多的情况下，孔隙特征尤为复杂，以微纳米级孔喉居多。从石油生产的角度看，仅通过孔隙度和渗透率参数及传统的储层划分标准已经不能准确反映其品质优劣，需要从多个方面、采用新的思路和标准来评价其好坏。

致密砂岩储层如此复杂的地质特征使得储层的渗流特征、弹性及物性特征有别于常规砂岩储层，加之极强的非均质性，使得相应的岩石物理分析研究具有很大的挑战性，常规的孔隙度、渗透率以及饱和度等公式适用性差。

根据致密油的地质特点，在测井采集与处理方面致密油测井评价技术面临的主要挑战为致密储层岩性、孔隙结构复杂，现有测井装备性能无法满足其地质和工程评价需求。以鄂尔多斯盆地为例，致密油储层孔隙度大部分小于12%，渗透率小于1mD，超过80%的储层岩心渗透率小于0.3mD，较低的孔隙度和超低的渗透率使得储集空间内流体对测井响应贡献变小，测量精度降低。如图3-1为应用常规测井解释孔隙度模型计算的孔隙度与岩心分析孔隙度对比结果（L52井），整体上孔隙度平均相对误差为17%，不能满足测井评价和储量参数计算需求。图3-2为致密储层核磁共振测井T_2谱及信噪比结果（L52井），整体上信噪比小于4，受噪声影响，导致核磁共振T_2谱形态难以有

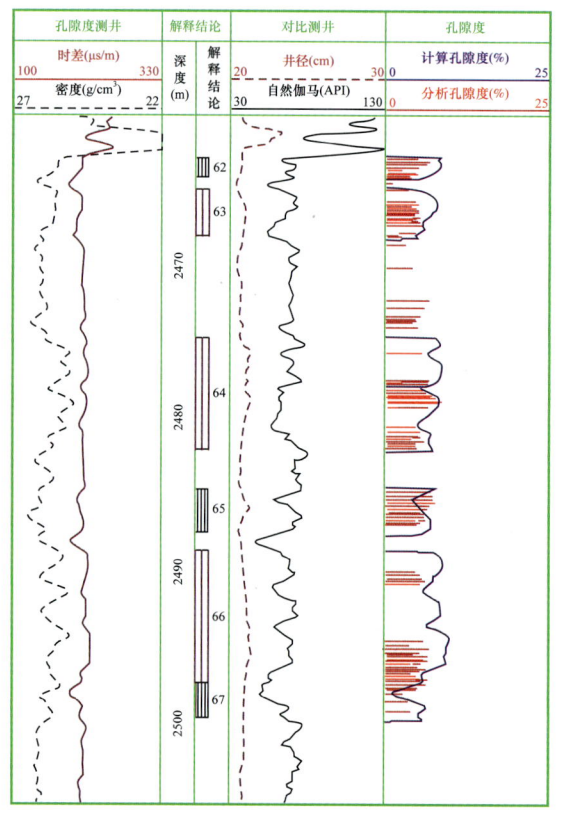

图3-1 测井解释孔隙度与岩心分析对比

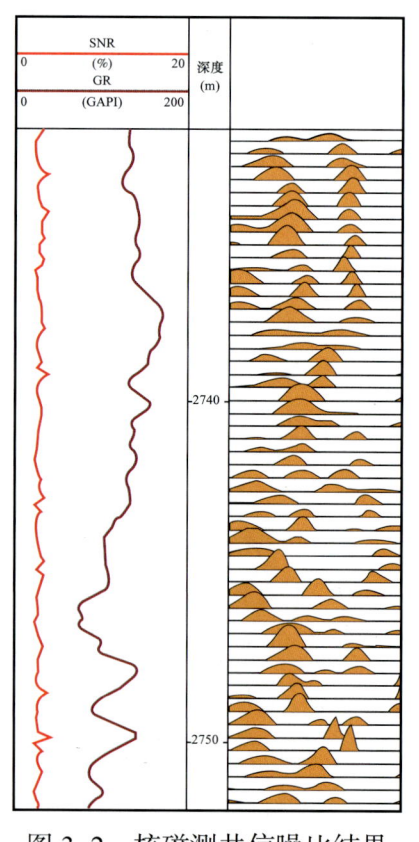

图3-2 核磁测井信噪比结果

效反映储层孔隙结构特征,给储层测井精细评价带来困难。

在测井解释与评价方面,由于测井采集与处理难以提供高精度参数结果,再加上致密储层物性和含油性非均质性强,纵横向变化大,导致致密油"甜点"测井评价和优选难度大。图3-3为鄂尔多斯盆地致密油储层孔渗关系与不同类别储层孔渗分布范围,可见整体上储层物性较差,且不同类别储层孔渗分布区域重叠,难以有效评价储层类别。

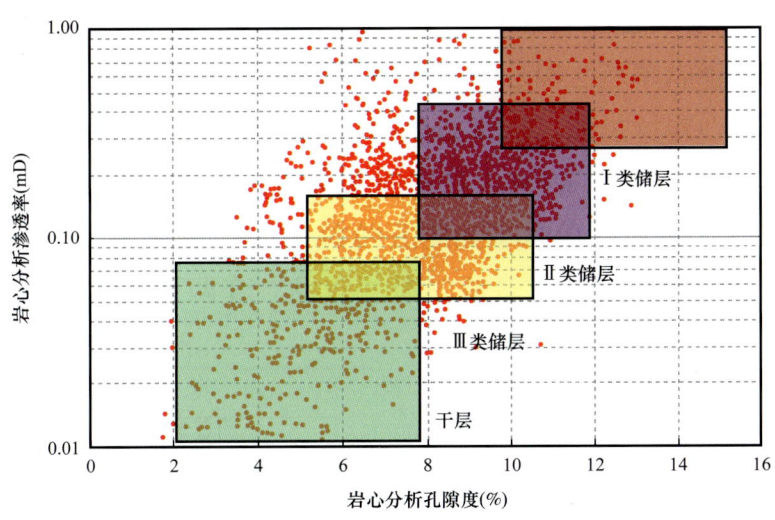

图3-3 致密油储层孔渗关系图

致密油储层常规测井孔隙度等参数计算精度低,尤其是声波和中子纵向分辨率低,难以满足测井评价需求,表现为相近测井特征储层产能差异大。如图3-4为三口井测井曲线图(L47井、Z67井、Z95井),从常规测井曲线特征看,三口井物性特征相近,但试油结果差异巨大,第一口井试油日产油50.07t,为高产工业油流;第二口井试油日产油4.25t,为工业油流;第三口井试油日产油0.6t,为差油层。常规测井解释和油层分级解释难度大。因此,致密油常规测井资料采集需要高精度数控测井。

在初期阶段,国内缺乏系统性好、针对性强的测井采集与评价技术,急需聚焦生产瓶颈问题、拓展新思路、立足基础实验、应用新方法研发关键核心技术解决致密油测井评价难题,需要从烃源岩特性参数、储层物性和含油性参数、微观孔隙特征、宏观结构特征、机械弹性特征等多个角度开展精细评价,建立具有自主产权、经济适用、理论基础扎实的解释评价配套方法和技术。具体测井评价思路流程如图3-5所示。

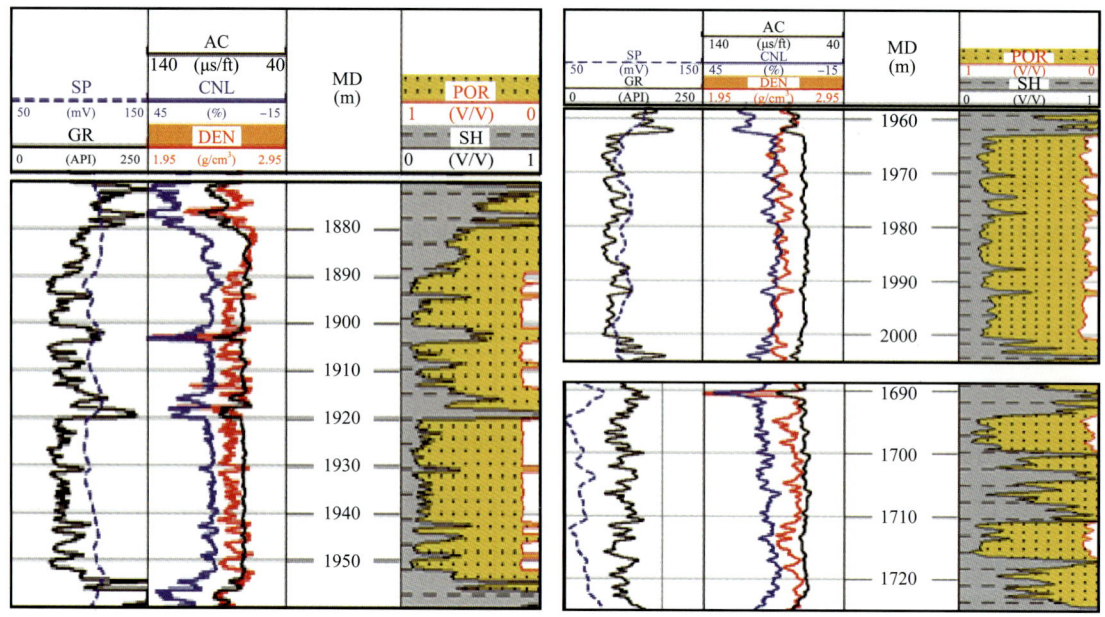

图 3-4 不同产能致密油储层常规测井曲线对比

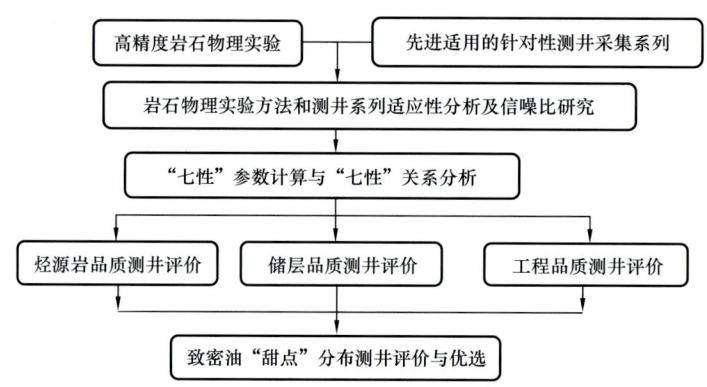

图 3-5 致密油"甜点"测井评价思路

第二节 烃源岩品质测井评价方法

一、总有机碳（TOC）含量评价方法

（一）孔隙度—电阻率曲线叠加法

电阻率—孔隙度曲线叠加法是 Passey 在 1990 年提出的一种利用电阻率和孔隙度曲线来对烃源岩总有机碳含量进行评价的方法，该方法优点是具有一定

理论基础，并且操作简单，缺点是具有一定的适用条件（如在含有黄铁矿的情况下会导致计算结果出现较大的误差），该方法的原理及其适用条件如下。

1. 方法原理

根据经典阿尔奇公式，可以推导出地层电阻率与原始地层水电阻率、含水饱和度以及孔隙度之间的关系：

$$R_\mathrm{t}=\frac{abR_\mathrm{w}}{\phi^m S_\mathrm{w}^n} \tag{3-1}$$

式中，a 为岩性系数；b 为与岩性有关的系数；m 为孔隙度指数；n 为饱和度指数；R_t 为地层电阻率，$\Omega\cdot\mathrm{m}$；R_w 为原始地层水电阻率，$\Omega\cdot\mathrm{m}$；ϕ 为地层孔隙度；S_w 为含水饱和度。

对于纯水层来说 $S_\mathrm{w}=1$，令 $a=b=1$，则有：

$$R_\mathrm{o}=\frac{R_\mathrm{w}}{\phi^m} \tag{3-2}$$

式中，R_o 为 100% 含水地层岩石电阻率，$\Omega\cdot\mathrm{m}$。

为了消除井眼的影响，孔隙度的计算一般利用声波时差计算孔隙度：

$$\phi=\frac{\Delta t_\mathrm{ma}-\Delta t}{\Delta t_\mathrm{ma}-\Delta t_\mathrm{f}} \tag{3-3}$$

式中，Δt_ma 为岩石骨架声波时差，$\mu\mathrm{s/ft}$；Δt 为实际的测井声波时差，$\mu\mathrm{s/ft}$；Δt_f 为孔隙流体声波时差，$\mu\mathrm{s/ft}$。

将式（3-2）和式（3-3）联合求得

$$R_\mathrm{o}=\frac{R_\mathrm{w}}{\left[\left(\Delta t_\mathrm{ma}-\Delta t\right)/\left(\Delta t_\mathrm{ma}-\Delta t_\mathrm{f}\right)\right]^m} \tag{3-4}$$

对该式的两边取以 10 为底的对数可得

$$\lg R_\mathrm{o}=\lg\{R_\mathrm{w}/\left[\left(\Delta t_\mathrm{ma}-\Delta t\right)/\left(\Delta t_\mathrm{ma}-\Delta t_\mathrm{f}\right)\right]^m\} \tag{3-5}$$

其中，流体的声波时差 $\Delta t_\mathrm{f}=182\mu\mathrm{s/ft}$，而对于砂岩、石灰岩和白云岩的骨架时差参数 Δt_ma 分别取 $55.5\mu\mathrm{s/ft}$、$47.6\mu\mathrm{s/ft}$、$43.5\mu\mathrm{s/ft}$（Schlumberger，1987），对每一种岩性，取 $m=2$，地层水电阻率 $R_\mathrm{w}=0.1$，则可以得到对数电阻率与线性

声波曲线（不同岩性）之间的交会图版（图 3-6）。

Magara 在 1978 年基于阿尔伯达盆地的白垩系泥岩提出了一个孔隙度的计算公式：

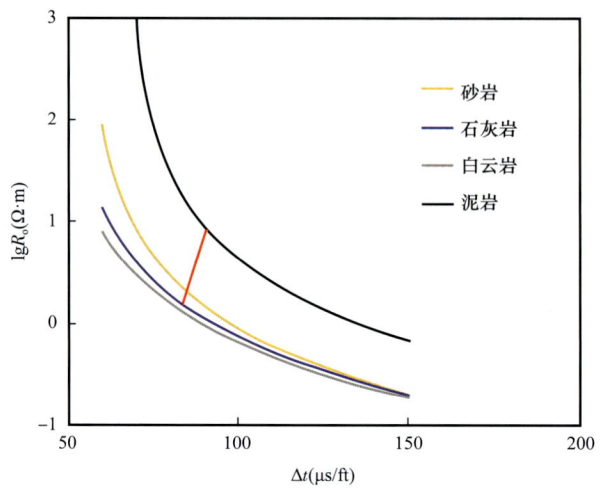

图 3-6　声波时差与对数电阻率交会图

$$\phi=0.00466\Delta t - 0.317 \tag{3-6}$$

尽管这个公式并不适用于所有泥岩，但利用式（3-6）计算泥岩孔隙度比用威利公式计算的孔隙度更加准确。故将式（3-6）替代式（3-2）中的孔隙度，并对两边取对数得到式（3-7）：

$$\lg R_o = \lg \left[R_w / (0.00466\Delta t - 0.317)^m \right] \tag{3-7}$$

由图 3-6 可以看出，在声波时差在 80～120μs/ft 范围内时，泥岩、砂岩、石灰岩和白云岩对应的声波时差—电阻率对数近似平行，而且近似为一条直线，斜率约等于 -1/50，所以对于纯泥岩有：

$$\lg R_o = -0.02\Delta t_o + a \tag{3-8}$$

当泥岩中富含有机质时：

$$\lg R = -0.02\Delta t + c \tag{3-9}$$

式（3-9）减去式（3-8）可得

$$b = \lg \frac{R}{R_o} + 0.02(\Delta t - \Delta t_o) \tag{3-10}$$

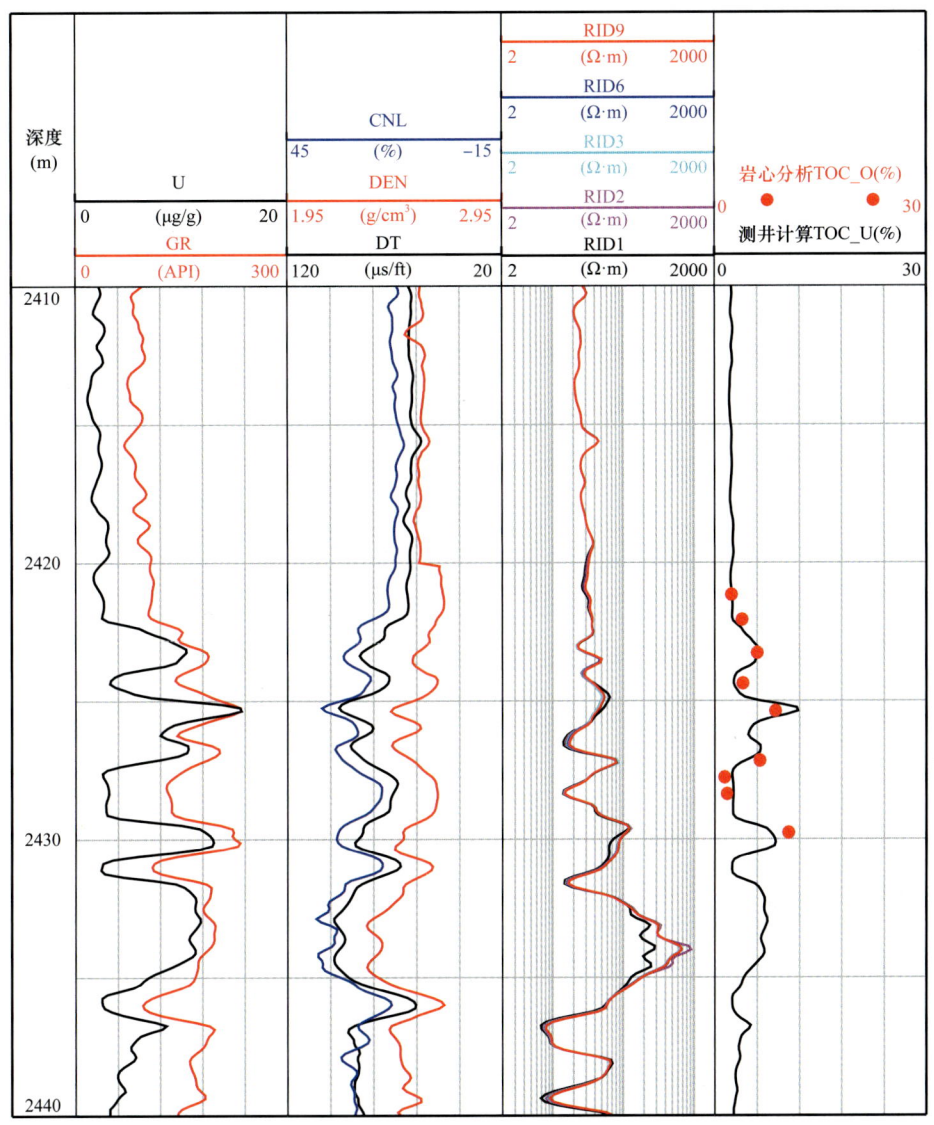

图 3-12　Z58 井延长组测井曲线图

（三）铀曲线与 ΔlgR 多元拟合法

利用铀曲线单独评价 TOC 有一些缺陷，由图 3-12 可以看出，在 2428～2432m 之间的计算 TOC 明显小于 2425～2427m 处的计算 TOC，但是该区段电阻率值却大于 2425～2427m 电阻率，并且与实验分析 TOC 相比也相差很大，所以单独利用 U 曲线评价 TOC 会增加不确定性。因为 ΔlgR 在不受黄铁矿影响下对有机质的含量有比较好的指示效果，如图 3-12 所示，所以利用 U 曲线和 ΔlgR 来对 TOC 进行拟合。

利用多元线性方程拟合得出了拟合公式,其相关性达到了 0.88,公式如下:

$$TOC=0.48U+1.78\lg R+0.184 \qquad (3-13)$$

从图 3-13 计算的结果可以看出,其计算结果较只用 U 曲线计算结果相比有明显改善。故利用铀曲线与 $\Delta \lg R$ 多元拟合法评价 TOC 效果最好。

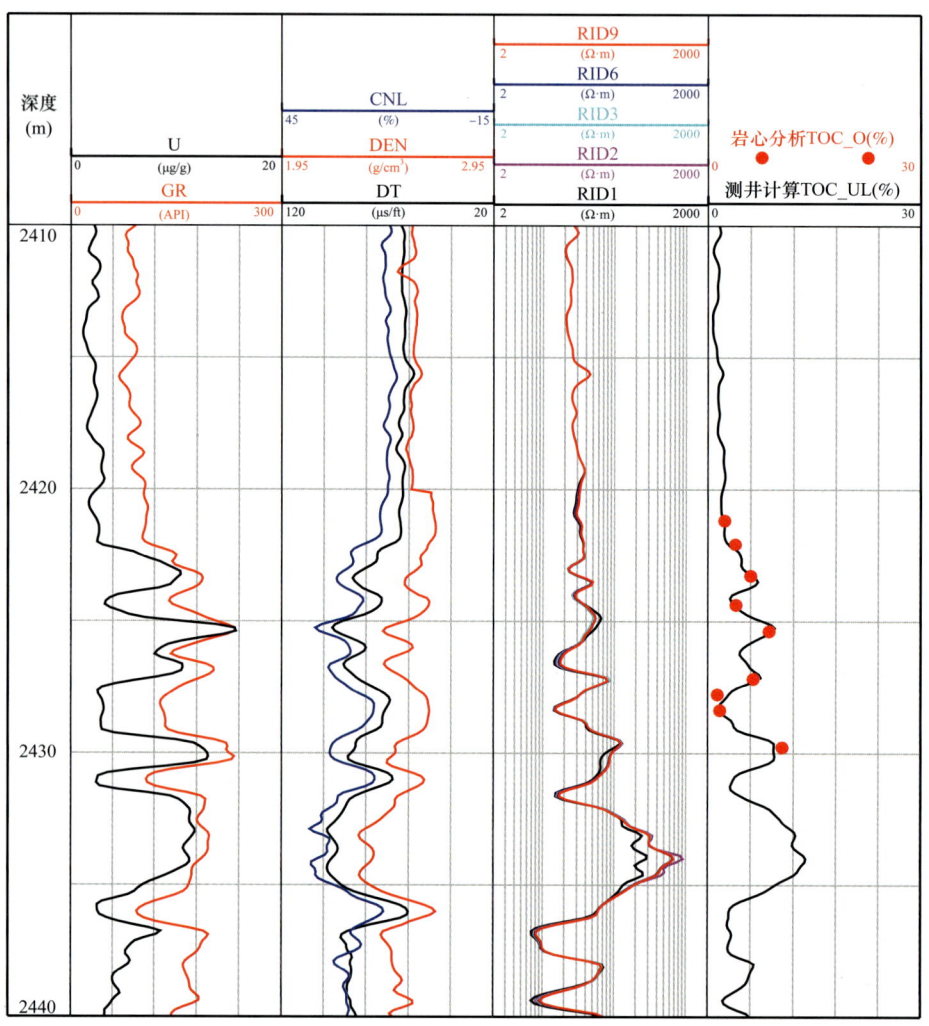

图 3-13 Z58 井长 7 段烃源岩 TOC 铀曲线与 $\Delta \lg R$ 多元拟合计算结果

由于电阻率—孔隙度曲线叠加法不适用于目标区内的高成熟度页岩和含有黄铁矿的层段,因此在对工区内的井进行总有机碳含量评价时采用铀曲线结合 $\Delta \lg R$ 拟合法,下面以岩心分析总有机碳含量为标准,对比分析三种方法所计算结果。

图 3-14 为 Z58 井延长组总有机碳含量计算结果图,其中第一道为深度道,第二道中黑色曲线为铀曲线,红色线为自然伽马曲线;第三道 CNL、DEN、DT 分别代表中子、密度、声波时差三条曲线;第四道 RID1、RID2、RID3、RID6、RID9 为五条阵列感应曲线;第五道、第六道、第七道红色数据点为岩心分析总有机碳含量的结果,而三条黑色的曲线 TOC、TOC_U、TOC_UL 分别表示采用电阻率—声波曲线叠加法、U 曲线拟合法和 U 曲线联合 $\Delta \lg R$ 法计算的总有机碳含量。

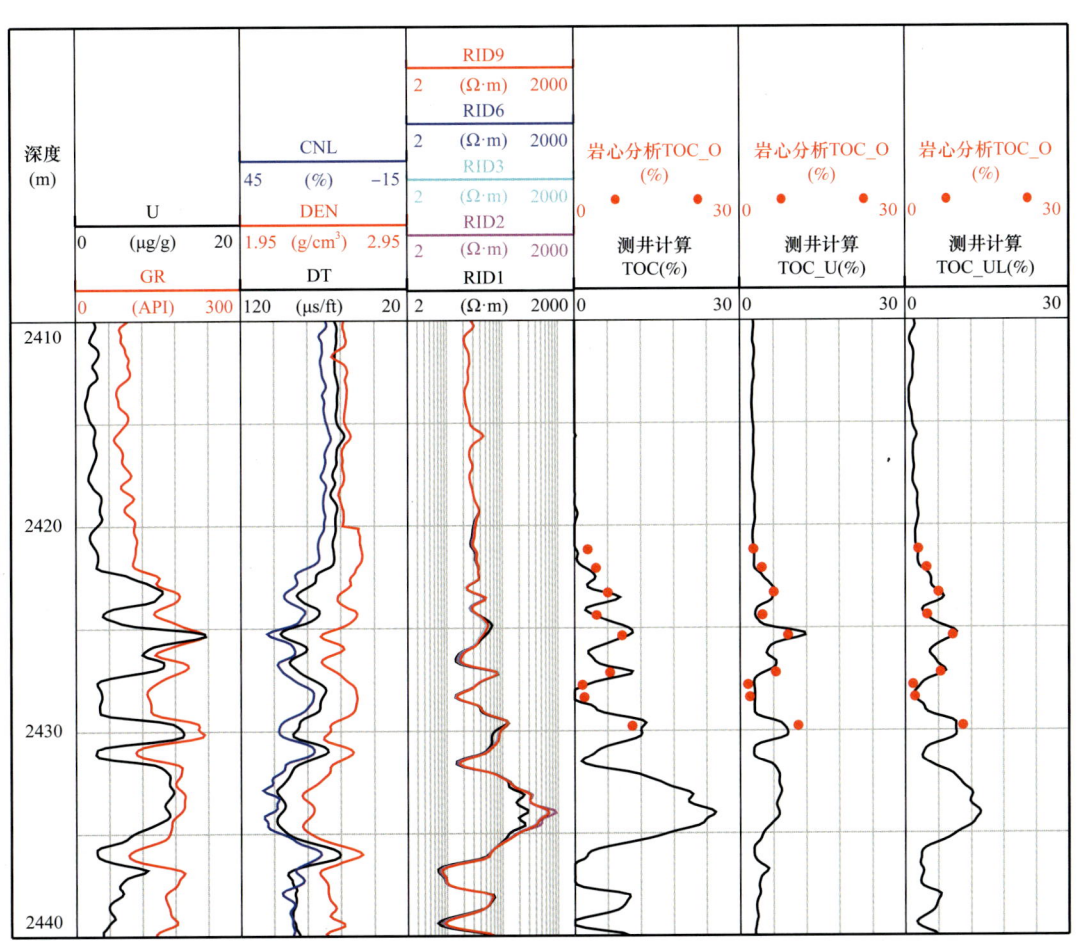

图 3-14 Z58 井长 7 段烃源岩 TOC 不同方法计算结果对比图

从图 3-14 所示三种方法计算结果与岩心分析结果的相关性分析可看出,运用 U 曲线联合 $\Delta \lg R$ 法得到的结果与岩心分析结果吻合最好,从这三种方法对比来看,U 曲线联合 $\Delta \lg R$ 法是研究区总有机碳含量定量计算的最佳方法。

由于该区自然伽马能谱测井采集较少,因此,难以普遍应用 U 曲线联合

ΔlgR 法计算该区的 TOC 含量。根据研究区的测井资料采集实际情况，应用取心资料标定，分别建立了 ΔlgR 结合常规测井的 TOC 计算模型和基于常规测井的 TOC 计算模型（图 3-15、图 3-16），用于实际资料处理。

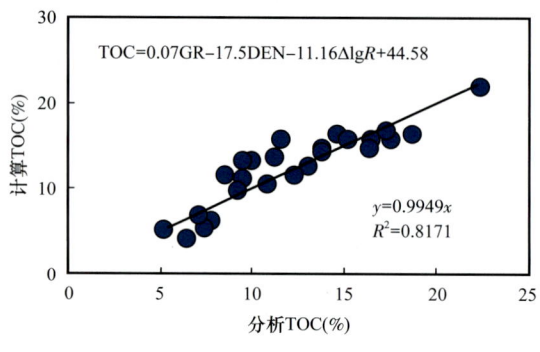

图 3-15 ΔlgR 结合常规测井 TOC 计算

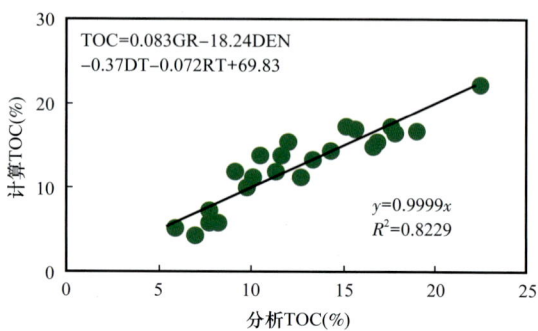

图 3-16 基于常规测井 TOC 计算

根据建立的 TOC 测井计算方法对该区进行处理，并根据岩性特征、有机地球化学指标，结合测井响应特征，将盆地长 7 段烃源岩划分为三种类型（表 3-1），将该分类标准应用于实际资料处理中，可进行单井纵向剖面上的烃源岩类型划分（图 3-17），并统计每类烃源岩的累计厚度，为分析全区烃源岩分布提供基础。

表 3-1 鄂尔多斯盆地长 7 段泥岩测井分类标准

长 7 段泥岩类型	自然伽马（API）	密度（g/cm^3）	TOC（%）
优质烃源岩	>230	<2.2	>10
中等烃源岩	180～230	2.2～2.35	6～10
差烃源岩	130～180	2.35～2.5	2～6
非烃源岩	<130	>2.5	<2

二、生烃潜量（S_1+S_2）评价方法

总有机碳含量是致密砂岩储层评价的一个很重要的参数，它反映了烃源岩有机质含量的多少和生烃潜力大小。虽然实验室测得的有机碳含量或测井计算总有机碳含量不等同于原始烃源岩总有机碳含量，但却反映了烃源岩生烃潜力，对于致密储层烃源岩特性的评价具有重大的意义。

目前对于总有机碳含量的评价，通常采用的是有机地球化学的方法，即利

用钻井取心或井壁取心和大量的岩屑在实验室进行分析化验来得到结果,但由于取心费用昂贵并且不可能对每口井都做大量分析化验,故使得地球化学方法对有机碳评价存在一定的局限性。测井资料具有纵向连续性好、分辨率高的特征,故可以利用测井资料评价致密砂岩中烃源岩的总有机碳含量,从而弥补地球化学方法的不足,为有机质含量评价提供更加合理、准确的结果。

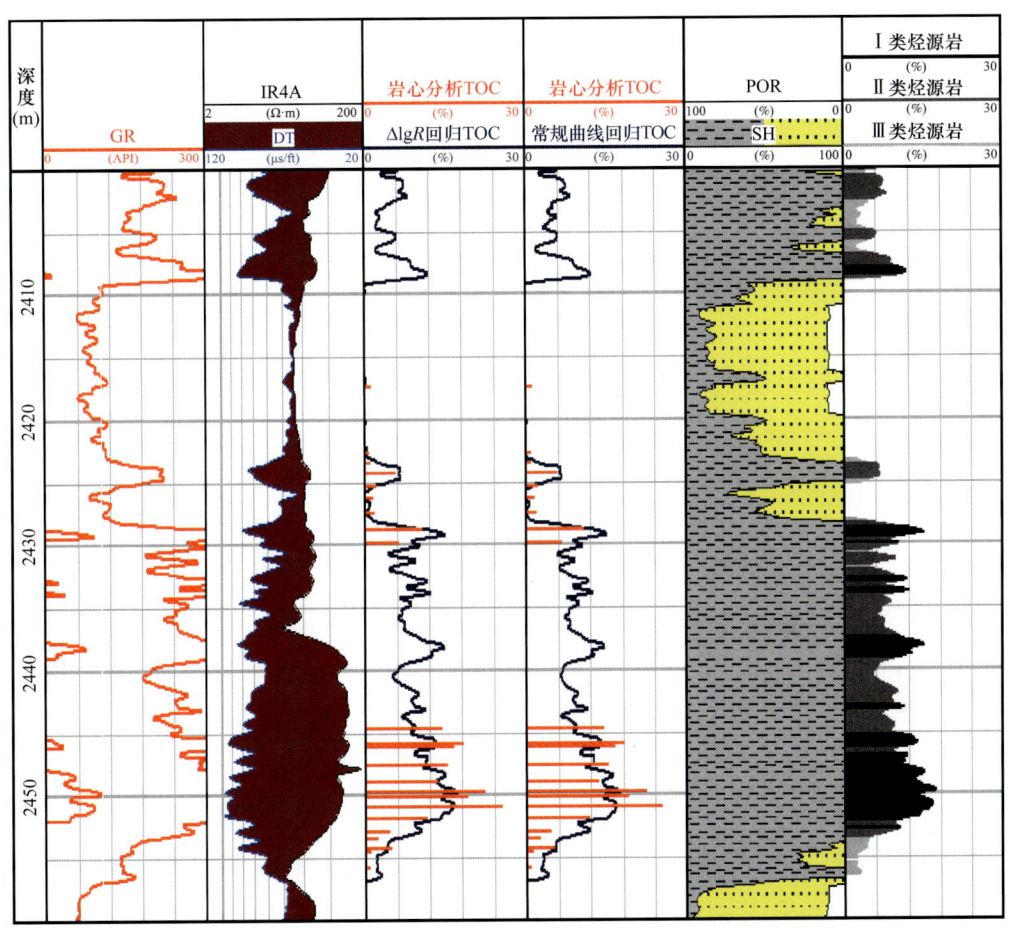

图 3-17　L147 井长 7 段测井计算烃源岩 TOC 及分类

烃源岩的典型特征包括高声波时差、低密度、高中子孔隙度、高的放射性（U 的聚集）和高电阻率等特点,在测井曲线上呈现一定的测井响应特征,许多基于测井特征和有机属性之间的经验公式已经被提出来计算 TOC。包括单曲线方法（如利用密度、伽马、伽马能谱、中子等）和多曲线方法（如交会图分析法、图形曲线叠加法、多元回归分析法、神经网络法等）。目前,生烃潜量（S_1+S_2）评价方法主要采用生烃潜量与总有机碳含量建立相关关系,当目的层的深度差异大时需要考虑加入镜质组反射率的影响，建立多元分析模型，具有较好的适用性。

第三节　储层品质测井评价方法

以孔隙结构评价为核心的储层品质评价是致密砂岩储层测井评价的主要任务之一。致密砂岩储层孔隙结构的典型特点是储集空间以次生溶蚀孔隙为主，孔隙类型多样，原始粒间孔基本消失，一般发育天然裂缝和微裂隙。孔隙类型、孔隙大小、裂缝发育情况及匹配关系是致密砂岩储层能否成为有效储层的重要因素。如何在岩石物理研究基础上，明确控制储层有效性的主要控制因素，应用测井资料评价储层品质是致密砂岩储层测井评价的重要内容。

一、储层岩石组分精细解释

以陇东地区为例，该区位于鄂尔多斯盆地西南部，延长组 7 段致密砂岩储层为三角洲前缘和深湖体系。长 7 段储层沉积物粒度细、堆积速度快，形成的致密砂岩储层岩石成分复杂。

（一）多矿物解释模型建立

鄂尔多斯盆地长 7 段由上而下可分为三个小层（图 3-18），其中长 7_1 亚段和长 7_2 亚段为主力油层段，而长 7_3 亚段则为主要的生油层段，其中烃源岩的测井响应特征为"三高一低"特征，即高伽马、高声波时差、高电阻率和低密度，故可以通过测井响应的差别来区分长 7 段的生油层段和储层段。长 7 段沉积时，盆地处于最大湖泛期，湖盆中心与斜坡发育大面积的砂质碎屑流和浊积扇砂体，导致长 7 段致密砂岩岩性复杂。长 7 段岩石矿物类型由于受西南方向物源的影响，具有石英含量高、长石含量低特征，主要类型为岩屑长石砂岩和长石岩屑砂岩。其中石英平均含量为 45.97%、长石平均含量为 33.58%，岩屑含量为 20.45%。砂岩粒度比较细，一般以细砂、极细砂为主，孔喉细小，主要储集空间为残余粒间孔、溶蚀孔和晶间孔，孔隙度一般介于 4%～10%，渗透率一般小于 0.3mD。颗粒分选较好，磨圆差，以次棱角状为主。颗粒间以点—线接触为主，胶结类型为压嵌—孔隙式、基底式胶结。填隙物含量较高，态。本次核磁共振实验测量的依据为 SY/T 6490—2007《岩样核磁共振参数实验室测量规范》。

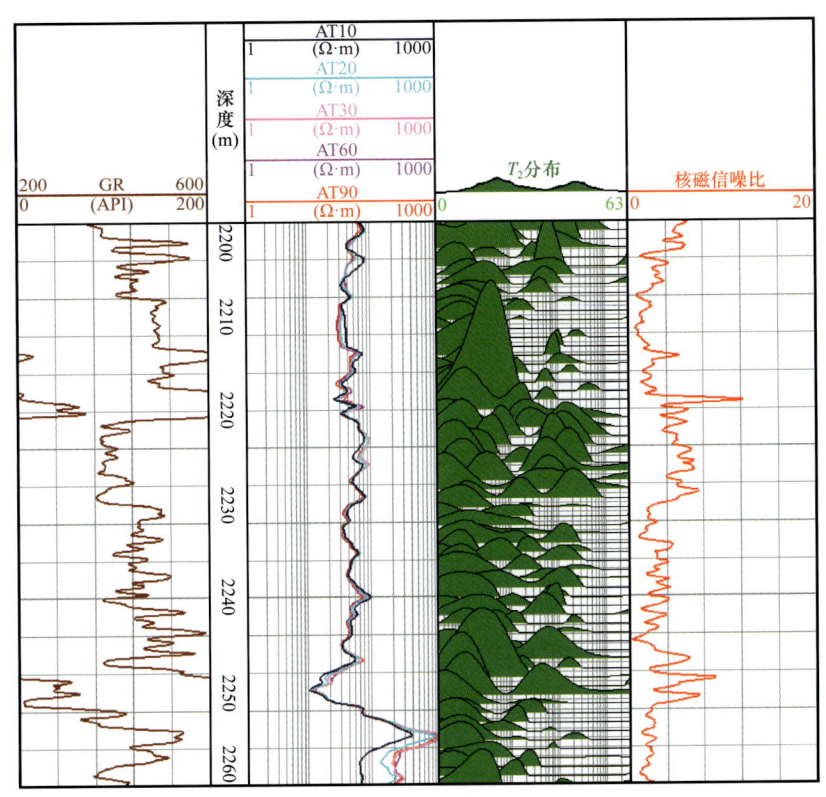

图 3-27　M53 井致密砂岩储层核磁共振测井信噪比实例（信噪比 5～10）

实验测量的基本条件为：仪器温度为 35℃，室温 26℃，湿度 60%～70%；实验基本测试参数为：回波间隔 TE=0.3ms，等待时间 TW=8s，回波个数 NE=2048，扫描次数 NS=128 次。

除进行核磁共振测量，还测量了其他一些基本的物性参数，主要包括氦孔隙度、渗透率、岩样干重、饱和水岩心重、岩样中水重等参数。

在上述实验条件下进行核磁共振实验测量，处理原始回波串数据，得到岩样饱和水和离心后的 T_2 分布、饱和水与离心后 T_2 几何平均值和算术平均值、核磁共振测量孔隙度、T_2 截止值等参数。

为验证利用核磁共振实验数据计算致密砂岩孔隙度的有效性，将核磁共振测量孔隙度与气测孔隙度、饱和水称重孔隙度分别对比发现，核磁共振测量孔隙度与气测孔隙度相关系数为 0.9423，与饱和水称重孔隙度的相关系数为 0.9337（图 3-28）。由图可见，核磁共振孔隙度与常规孔隙度呈很好的线性关系，核磁共振孔隙度与常规测量的气测孔隙度和称重孔隙度很接近。大部分的点均落在±0.5%的误差线以内。

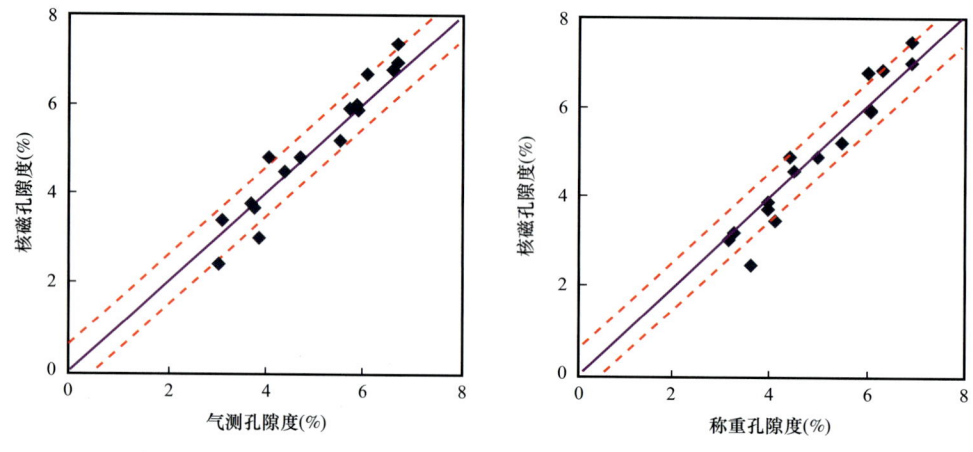

图3-28　核磁共振孔隙度与气测孔隙度、称重孔隙度对比图

对岩样饱和水和离心后核磁共振实验测量数据的信噪比进行计算（图3-29），岩样饱和水测量的数据信噪比最低为13.10，最高为34.17，平均值为22.51；离心后测量的数据信噪比最低为2.32，最高为13.96，平均值为9.33。同时可以看出：在进行核磁共振实验时，岩样饱和水测量时的信噪比比岩样离心后测量时的信噪比要高，这是由于饱和水测量时的回波信号幅度相对于离心后测量时的回波信号幅度大。对比计算的数据信噪比与岩样核磁共振孔隙度数据可以发现：岩样的孔隙度越大，饱和水测量和离心后测量的数据信噪比越高。图3-30为岩样饱和水时测量数据信噪比与孔隙度关系图。

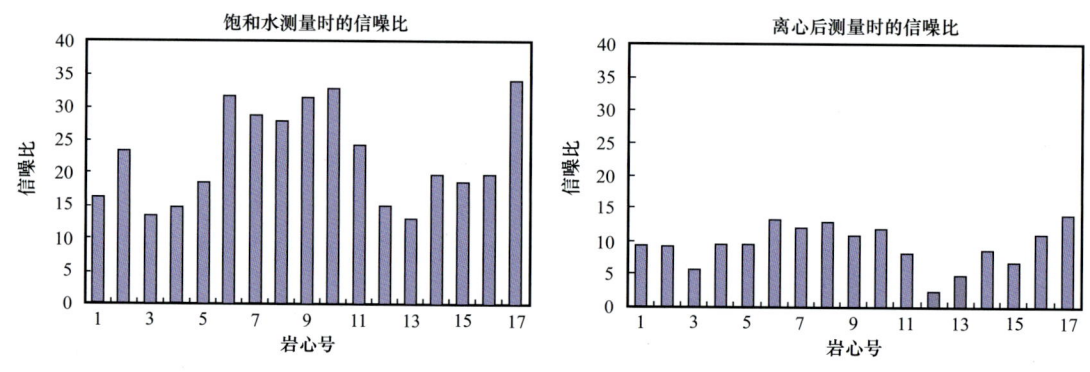

图3-29　岩样饱和水与离心后核磁测量数据信噪比

为分析致密砂岩核磁共振实验测量数据的适应性，设计了变参数（改变实验扫描次数NS以及增益RG）实验方案。分别扫描不同的次数，扫描次数从

16次逐渐增加到1024（或2048）次，进行变参数核磁共振实验，得到在不同信噪比条件下的核磁共振谱，同时可以计算每块样品在不同信噪比条件下测量的核磁共振孔隙度等参数。

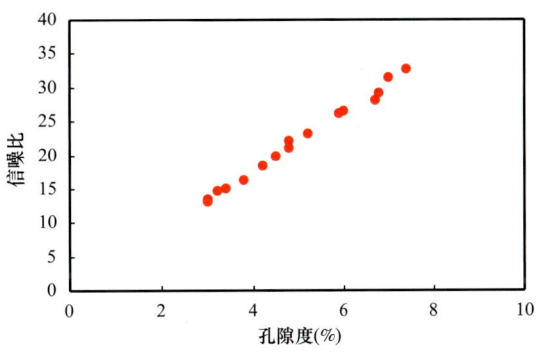

图3-30　孔隙度与核磁测量信噪比关系图（NS=128）

将不同扫描次数测量得到的T_2谱进行比较，可以看到：随扫描次数的增加，实验得到的T_2谱越接近于岩样的真实情况，这是由于扫描次数增加，测量数据的信噪比就越高，反演的结果越接近真实情况。

图3-31为同一岩样（ϕ=6.64%，K=0.73mD）变参数核磁共振T_2谱图。岩石物理实验结果表明，随着信噪比增加，T_2谱峰值左移，增加信噪比会增加小孔隙信号的识别能力和测量精度。

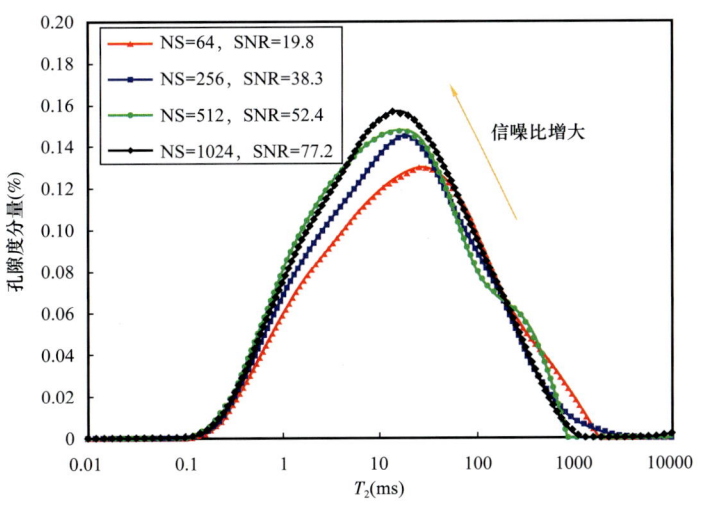

图3-31　同一岩样变参数核磁共振T_2谱图
SNR—信噪比

对同一岩样分别进行了多次核磁共振实验，每次实验的增益和扫描次数均有变化。岩样常规孔隙度、不同扫描次数下的核磁共振孔隙度明显变化。样品的核磁共振孔隙度、T_2几何平均值大体上随着扫描次数的增加逐渐趋于稳定值。

岩石物理实验和数值模拟结果均表明，在致密砂岩储层核磁共振测量中信噪比对测量结果具有很大的影响，随信噪比增加，测量精度增高。因此，分析信噪比对核磁孔隙度、T_2谱的影响规律对于应用核磁共振测井定量评价致密砂岩储层物性和孔隙结构具有重要作用。

为定量分析核磁信噪比对反演T_2谱和孔隙度计算等的影响，根据反演结果随信噪比的变化关系，分别计算不同信噪比条件下反演得到核磁共振孔隙度的相对误差和绝对误差。对比不同信噪比条件下计算的孔隙度与气测孔隙度发现（图3-32），随信噪比提高，相对误差降低，核磁计算孔隙度越来越接近真值。当信噪比大于50时（对信噪比的具体要求与岩样孔隙度大小有关），核磁计算孔隙度与气测孔隙度基本一致。核磁测井资料也表明，不同信噪比（不同等待时间）条件下测量结果反演T_2谱计算的孔隙度也具有较大的差异。

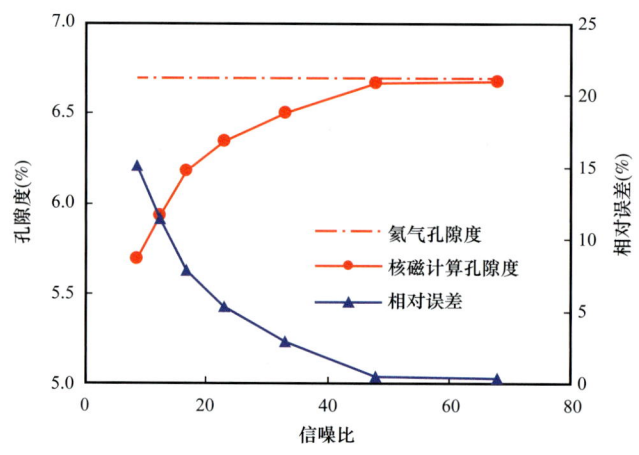

图3-32　核磁共振实验信噪比对孔隙度的影响

通过岩石物理实验和数值模拟反演T_2谱和上述信噪比影响分析可知，无论是SVD法还是BRD法，核磁共振回波数据信噪比越低，计算得到的孔隙度就越小，T_2几何平均值反而越大；随信噪比的降低，计算得到的孔隙度和T_2几何平均值同模型之间的绝对误差和相对误差增大；在低信噪比时，BRD法反演得到的孔隙度比SVD法反演得到的孔隙度精度要高；模型孔隙度越小，反演计算的孔隙度绝对误差和相对误差越大。

因此，在对低孔低渗和致密砂岩岩样进行核磁共振实验测量时，可以通过计算核磁共振测量数据的信噪比来分析实验数据的可靠性。如果实验测量数据信噪比没有达到预期要求，难以满足孔隙度、T_2谱分布等研究需要，可以通过改变实验参数，比如扫描次数NS、增益RG等参数来提高信噪比，从而使实验结果更接近岩样的真实情况,满足实验分析要求。

核磁共振 T_2 谱反演效果很大程度上依赖于数据信噪比,噪声容易导致解的偏离。特别是在致密砂岩储层中,核磁共振测井原始数据的信噪比相对较低,T_2 谱反演结果会偏离地层真实情况,导致了核磁共振测井在这类储层中的应用效果不理想。如何提高核磁共振测井数据的信噪比是解决这一问题的关键。

为提高致密砂岩储层核磁共振测井信噪比,一般采用两种方式:一是降低现场测井速度;二是数据处理中采用时间域、深度域累加处理技术(累加 n 次,信噪比增加 $n^{1/2}$ 倍)。

小波变换是一种常用的降噪处理方法。其基于在小波变换之后信号集中在低频系数而噪声集中在高频系数这一原理,在小波分解的基础上,通过一定的方法对小波变换域的高频系数进行处理,得到新的小波系数,然后将新的小波系数进行重构得到降噪后的信号。常用的小波降噪方法有模极大值重构降噪方法、空域相关降噪方法、阈值降噪方法等。其中小波阈值降噪方法因其实现简单、降噪效果较好得到了广泛的应用。

小波阈值降噪方法的步骤为:

(1)选择合适的母小波及分解层次对信号进行小波变换,得到变换后的细节系数。

(2)设定各层的阈值,选择合适的阈值处理方法对分层的小波系数进行非线性处理。

(3)利用小波变换重构小波系数,得到降噪后的信号。

在小波阈值降噪的过程中,核心步骤就是在小波系数上作用阈值。其中阈值的选取直接影响降噪的质量,所以人们提出了各种理论和经验的模型,但没有一种模型是可以通用的,要根据具体的问题进行选择。目前常用的阈值选取规则有四种,即 sqtwolog 规则、rigusure 规则、heursure 规则和 minimax 规则。

(1)固定阈值(sqtwolog):阈值 $\lambda=\sqrt{2h(M)}$,M 为信号的长度。

(2)基于 Stein 的无偏似然估计原理(SURE)的自适应阈值(rigusure)选择:对于一个给定的阈值 t,得到它的似然估计,然后再将非似然 t 最小化,就得到了所选的阈值。

（3）启发式阈值（heursure）：是前两种阈值的综合，是最优预测变量阈值选择。

（4）极大极小阈值（minimax）：采用的也是一种固定的阈值，它产生一个最小均方误差的极值，而不是无误差。在统计学上，这种极值原理用于设计估计值。因为被消噪的信号可以看作与未知回归函数的估计式相似，这种极值估计可以在一个给定的函数集中实现最大均方误差最小化。

对高斯白噪声作为一种信号进行去噪实验发现，选用 minimax 和 SURE 阈值规则进行去噪，只将部分系数置 0，保留了大约 3% 的系数；而选用 sqtwolog 和 heursure 规则进行去噪，所有的小波系数都被变为 0，去噪比较完全。

可见 minimax 和 SURE 阈值规则比较保守，但含噪信号的高频信息有很少一部分在噪声范围内时，这两种阈值非常有用，可以将微弱的信号提取出来；而 sqtwolog 和 heursure 规则去噪比较完全，在去噪时显得更为有效，但是很容易把有用的高频信号误认为噪声而被除掉。

从整体和局部的关系上看，又分为全局阈值去噪与分层阈值去噪两种方式。阈值全局处理就是对各级小波分解得到的高频系数采用统一阈值进行处理；而阈值分层处理就是多小波分解的每一层基于一个阈值进行处理。从理论上讲，分层阈值根据各层系数的特征进行阈值选取，更能灵活地处理含噪信号中的噪声。

阈值函数体现了对小波系数的不同处理策略，主要分为软阈值函数、硬阈值函数以及一序列基于软硬阈值缺点进行改进的阈值函数。

软阈值函数为

$$\tilde{W}_{j,k} = \begin{cases} \text{sign}(W_{j,k})(|W_{j,k}| - t), & |W_{j,k}| \geq t_j \\ 0, & |W_{j,k}| < t_j \end{cases}$$

硬阈值函数为

$$\tilde{W}_{j,k} = \begin{cases} W_{j,k}, & |W_{j,k}| \geq t_j \\ 0, & |W_{j,k}| < t_j \end{cases}$$

式中，$\tilde{W}_{j,k}$ 为处理后的小波系数；$W_{j,k}$ 为处理前的小波系数；t_j 为阈值。

软硬阈值法是将信号的小波系数绝对值和阈值进行比较，小于或等于阈值的点变为 0。大于阈值的点，软阈值法变为该点值与阈值的差值，并保持符号不变，而硬阈值是保持该点的值。在实际应用中，利用软阈值消噪信号比较光滑，但用于处理后的小波系数与处理前的小波系数总存在恒定的偏差，使得降噪后的信号有着较大的失真；而利用硬阈值消噪时由于处理后的小波系数在阈值处不连续，因此重构后的信号存在一些震荡。在此基础上人们针对软硬阈值法的缺点，提出了多种改进的方法。

在小波降噪处理基础上，采用小波域自适应滤波方法可进一步提高降噪效果（图 3-33）。自适应滤波理论和技术是统计信号处理和非平稳随机信号处理的主要内容，它具有维纳滤波和卡尔曼滤波的最佳滤波性能，但不需要先验知识的初始条件，它是通过学习来适应外部自然随机环境的，因而自适应滤波器可以用来检测确定性信号，也可以用来检测平稳的或非平稳的随机信号。自适应滤波理论最早是由 Widrow 等于 1967 年提出的，自适应滤波方法因可使自适应滤波系统的参数自动地调整而达到最佳的状态，而且在设计时，只需要很少的或者根本不需要任何关于信号与噪声的先验知识，这种滤波器的实现差不多像维纳滤波器那样简单，而滤波性能像卡尔曼滤波器一样好，因此，近十年来，自适应滤波理论与方法得到了迅速的发展。

自适应滤波是由参数可调的数字滤波器和自适应算法两部分组成，而自适应算法就是根据参考信号与输入信号间的误差来实时调整数字滤波器的参数，在自适应算法的准则下达到误差最小。常用的自适应算法有最小均方差（least mean square error，LMS）、递推最小二乘（recursive least squares，RLS）等方法。

通过数值模拟对比降噪前后 NMR 回波信号的信噪比和 T_2 谱的反演结果来验证小波域自适应滤波方法在 NMR 数据降噪中的有效性。首先构造一个 T_2 分布模型，通过正演方法模拟 NMR 测量过程，得到无噪声的回波串信号；再给无噪声的回波串加入噪声，降低数据的信噪比；然后，利用小波域自适应滤波方法对带噪声的回波串进行降噪处理；最后将降噪后的数据进行反演，对比降噪前后回波串信噪比的变化和 T_2 谱的反演结果。

模拟构造大孔占优的双峰 T_2 谱，假设小孔的 T_2 为 10ms，大孔的 T_2

为400ms。正演得到的无噪声回波串见图3-34（a）；然后加入噪声，得到SNR=10的带噪声的回波串，见图3-34（b）。图3-34（c）为通过小波域自适应滤波降噪后的回波串。降噪前后T_2谱反演结果见图3-34（d）。可以看到，降噪后回波串的噪声明显受到了抑制，通过计算可以发现，降噪后回波串的SNR由降噪前的10提高到了20.3。从反演T_2谱上可以看出，构造的T_2谱为大孔占优的双峰模型，降噪前反演的T_2为单峰分布，短弛豫组分消失，这是由于信噪比较低，反演结果偏离实际真实情况；而降噪后反演的T_2分布呈双峰，与模型较为吻合，说明了该降噪方法的有效性，提高低信噪比核磁共振数据的反演效果，其反演效果更接近岩心实际情况。

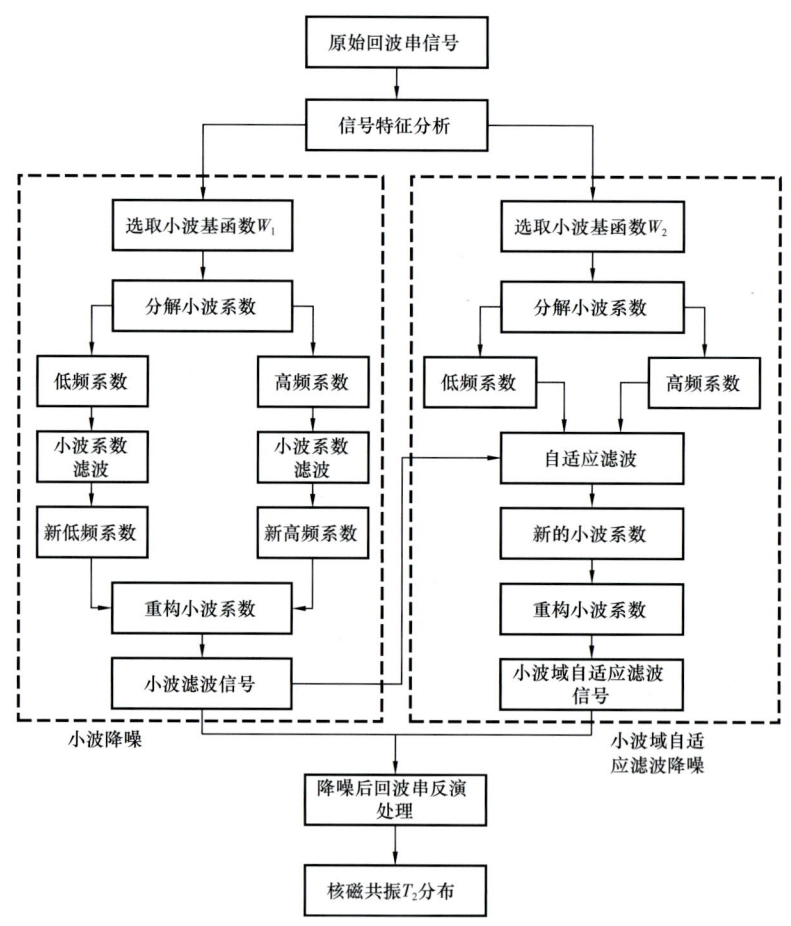

图3-33　核磁共振信号小波域自适应滤波方法降噪示意图

选用孔隙度为6.7%的岩心（图3-35）扫描128次的回波串信噪比为19.8，扫描1024次的回波串信噪比为56.7，对NS=128的回波串使用小波域自适应滤波方法降噪之后,信噪比由原来的 19.8 提高到了 39.5。利用 NS=128 去噪前的回波串计算的岩心孔隙度为 6.23%,利用去噪后回波串计算的岩心孔隙度为 6.56%,更接近气测孔隙度 6.7%。可见小波域自适应滤波方法能够有效地提高回波信号的信噪比,从而使反演 T_2 谱更加接近岩心真实情况,核磁孔隙度更接近于岩心的气测孔隙度。

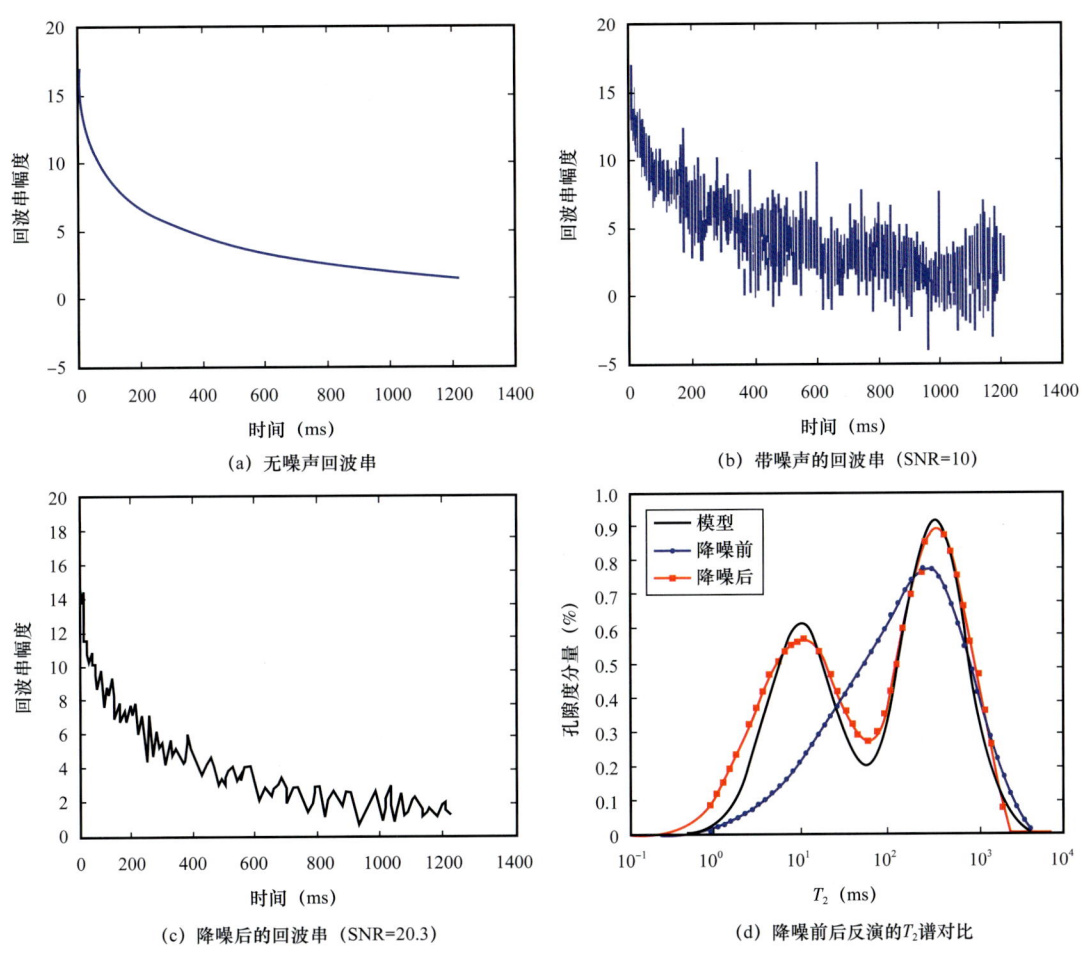

图 3-34　小波域自适应滤波方法对模型核磁共振数据降噪前后的处理结果

三、致密砂岩储层参数测井解释模型

(一)孔隙度解释方法与模型

孔隙度是指岩石中孔隙体积与岩石总体积的比值,反映岩石中孔隙的发育程度,表征储层储集流体的能力。为了使参数解释模型具有较好的适用性,利用岩心资料刻度测井资料。岩电归位后，对孔隙度、渗透率和电性参数进行回归，建立孔隙度测井计算模型（孔隙度模型采用48口井109个层点资料）：

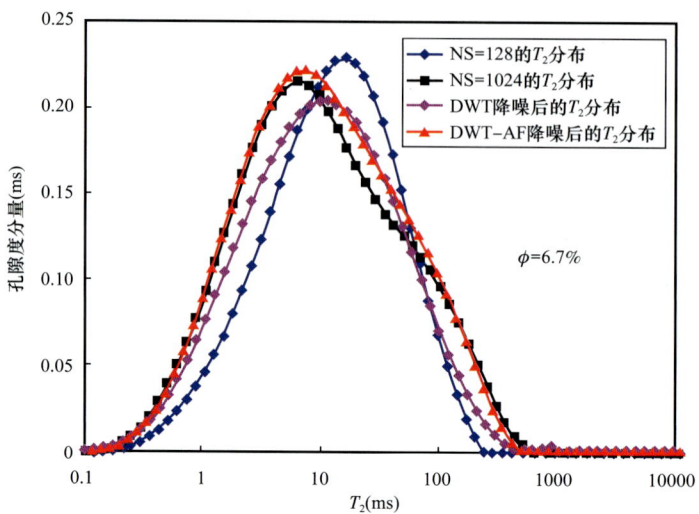

图3-35　小波域自适应滤波方法对岩心核磁共振数据降噪前后的处理结果

$$\phi=0.137\Delta t-6.858\rho_b-5.279, \quad R^2=0.81 \quad (3\text{-}16)$$

$$\phi=0.2044\Delta t-37.694, \quad R^2=0.84 \quad (3\text{-}17)$$

式中，Δt为声波时差，μs/m；ρ_b为密度，g/cm³；ϕ为孔隙度，%。

利用42口井95个层点岩心分析数据对测井计算孔隙度进行检验，计算孔隙度与岩心分析孔隙度相对误差平均值为7.02%。

（二）含油饱和度解释方法与模型

岩电实验分析表明，地层因子与孔隙度关系以及电阻增大率与含水饱和度关系在双对数坐标系相关性较好，阿尔奇公式能较好地表征长7段储层的岩电特征。因此，陇东地区长7段测井饱和度计算采用阿尔奇公式：

$$S_o=1-\sqrt[n]{\frac{abR_w}{\phi^m R_t}} \quad (3\text{-}18)$$

式中，S_o为含油饱和度；m为孔隙度指数；n为饱和度指数；a、b为岩性系数；R_t为地层电阻率，Ω·m；R_w为地层水电阻率，Ω·m。

选取陇东地区7口油层井56块样品，配置饱和盐水矿化度为41000mg/L，在常温常压下获得岩电实验数据，回归得到 a、b、m、n 值，见表 3-3。

表 3-3 陇东地区长 7 段岩电参数取值表

层位	参数			
	a	b	m	n
长 7 段	5.02	1.18	1.13	1.85

根据陇东地区水分析资料得到长 7 段地层水矿化度为 34.65g/L，水型为 $CaCl_2$ 型，油层温度取 61.84℃，换算成地层水电阻率为 0.1Ω·m，利用阿尔奇公式计算得到含油饱和度平均值为 76.8%。

根据长庆油田研究院油藏评价室建立的鄂尔多斯盆地延长组长 7 段储层分类标准（表 3-4），结合长 7 段储层特征，研究区储层主要为Ⅱ类、Ⅲ类，局部存在Ⅰ类储层。根据储层分类结果，结合不同类型储层测井响应特征，建立鄂尔多斯盆地长 7 段致密砂岩储层测井分类标准（表 3-5）。

表 3-4 鄂尔多斯盆地延长组长 7 段储层分类标准

分类参数		储层分类			
		Ⅰ类	Ⅱ类	Ⅲ类	Ⅳ类
沉积特征	沉积微相	水下分流河道浊积水道	浊积水道		浊积水道及浊积水道前缘
	岩性	细砂岩	细砂岩、粉细砂岩		粉细砂岩
	砂岩厚度（m）	>15	10～15		<10
物性特征	ϕ（%）	>10	9～12	8～10	<8
	K（mD）	>0.3	0.2～0.3	0.1～0.2	<0.1
	非均质性	弱		中等	强
	填隙物含量（%）	<13	11～15	14～16	>15
孔隙类型	面孔率（%）	>2.5	1.5～3		<2
	平均孔径（μm）	>40	30～40	20～30	<25
	分选系数	2.2～2.5	2.5～2.8	2.8～3	>3
	孔隙组合类型	粒间孔—溶孔	溶孔	溶孔	溶孔—微孔

续表

分类参数		储层分类			
		I 类	II 类	III 类	IV 类
孔隙结构	主流喉道半径（μm）	>0.5	0.3~0.5		<0.3
	可动流体饱和度（%）	>40	30~40		<30
	排驱压力（MPa）	<1.5	1.5~2.5	2.0~3.5	>3.5
	中值半径（μm）	>0.15	0.1~0.2		<0.1
	退汞效率（%）	28~30	25~28		<25
	孔隙结构类型	I—II 型	II—III 型		IV 型
储层评价		好	较好	一般	差

表 3-5　鄂尔多斯盆地长 7 段致密砂岩储层测井分类标准表

储层类别	有效厚度（m）	测井响应			产能
		GR（API）	DEN（g/cm³）	RT（Ω·m）	
I	≥10	70~95	≤2.51	20~70	压裂以高产为主
II	≥8	75~100	2.51~2.54	20~60	压裂工业产能，少数可获中高产能
III	≥6	75~105	2.54~2.58	10~70	压裂低产，少数可获工业产能
IV	—	>100	>2.58	10~40	以干层为主，少数低产

四、储层品质测井评价

储层品质评价是致密油评价的核心内容之一，是油层测井解释分类和射孔层段选择的主要依据，其主要与其岩性、物性（孔隙度、渗透率和裂缝参数）、含油饱和度、宏观结构与各向异性、微观孔隙结构与非均质性、等效厚度等因素有关，即

$$Q_{储层}=f（岩性、物性、饱和度、宏观结构、微观结构，等效厚度） \quad (3-19)$$

式中，$Q_{储层}$ 为储层品质。

岩性和物性和饱和度是储层品质评价的关键参数，以其为基础，可进一步

开展储层品质评价，下面主要论述砂体结构法和孔隙结构法等储层品质评价方法。

（一）砂体宏观结构评价法

中国陆相致密油的储层单层厚度较小，常呈薄互层状分布，宏观各向异性强，微观孔隙结构复杂、非均质性强，即使如鄂尔多斯盆地延长组长 7 段那样优质的致密油常也有如此表现，如图 3-36 所示，长 7 段野外露头呈现多期沉积叠置的薄互层结构特征。因此，陆相致密油的储层品质评价就不应该仅仅采用常规储层以孔渗等物性等参数衡量其优劣的方法，应综合考虑储层宏观结构与微观结构而评价其品质。

致密油储层纵向上具有宏观非均质性特征，在同一小层内部相对均质，可根据不同小层之间的储层岩性和物性

图 3-36 鄂尔多斯长 7 段野外露头显示的薄互层状砂体宏观结构

变化关系，利用曲线幅度与形态、孔隙度和饱和度等参数描述储层宏观结构特征。

数学上常用变差方差根函数来描述曲线的光滑性，将该函数引入储层非均质性评价中，可较好反映储层非均质性强弱，为致密油储层品质评价提供量化标准。以变差方差根 GS 反映曲线光滑程度，其计算公式如下：

$$\mathrm{GS} = \sqrt{\gamma(1)+\gamma(2)+\cdots+\gamma(h)+S^2} \quad (3-20)$$

式中，S^2 为方差，反映深度段上曲线数据的整体波动性；$\gamma(h)$ 为变差函数，反映曲线数据局部波动性。

GS 反映储层的光滑程度，即表征储层的宏观结构。GS 越小，则曲线越光滑，曲线波动性就越小，砂体就越接近块状；反之，GS 越大，曲线越不光滑，曲线的波动性就越大，砂体形态越接近砂泥互层。

考虑到自然伽马和泥质含量对储层岩性各向异性的敏感性强，密度测井对储层物性各向异性敏感性强，因此，可以 GR 曲线构建分别反映砂体的岩性及

含油非均质程度的测井表征参数 P_{ss}（砂体结构参数）及 P_{pa}（含油富集指数），定义如下：

$$P_{ss}=GS（GR）\cdot V_{sh} \tag{3-21}$$

$$P_{pa}=\frac{\sum_{i=1}^{n}H_i\cdot\phi_i\cdot S_{oi}}{GS(DEN)} \tag{3-22}$$

式中，P_{pa} 为含油性非均质指示参数；P_{ss} 为砂体结构指示参数；H_i、ϕ_i、S_{oi} 分别为深度段内第 i 小层的厚度、孔隙度和含油饱和度；V_{sh} 为泥质含量；GS（GR）和 GS（DEN）分别为自然伽马和密度曲线的变差方差根。

图 3-37 是储层宏观结构和储层含油非均质性参数应用实例［Z233 井（上段）、Z142 井（下段）］。上部储层的伽马曲线为微齿化的中幅箱形，主要体现为块状砂体，砂体整体上均质性较好。下部储层的自然伽马曲线为变化较剧烈齿化特征，变化幅度较大，表明为砂泥互层结构，非均质性较强。且上部储层密度测井反映储层物性层内变化小，非均质性弱，下部储层密度测井反映

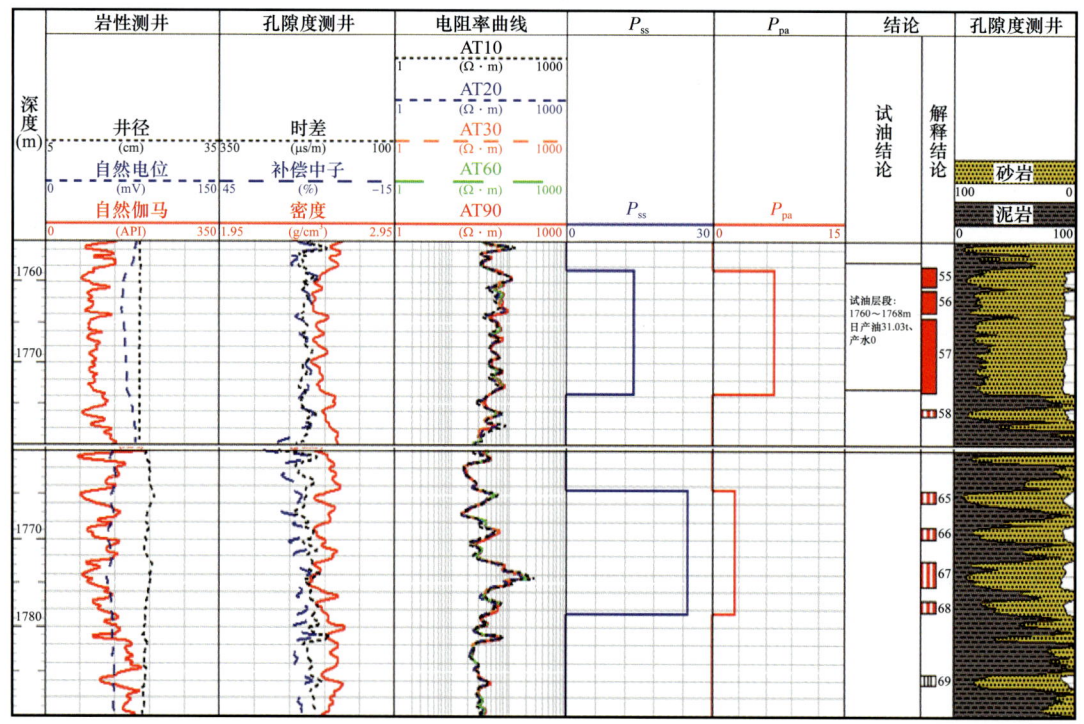

图 3-37 储层宏观结构参数计算结果

储层物性变化大，层内非均质性强。综合评价认为，上部储层品质较好，测井计算 P_{ss} 值小、P_{pa} 值大，综合解释为油层，压裂后日产油量达 31t；下部储层品质较差，测井解释为差油层。

根据测井计算的储层砂体结构参数 P_{ss} 和含油非均质性参数 P_{pa} 可快速实现对致密油储层品质的分类评价。图 3-38 和图 3-39 分别为两口井的致密油储层段 P_{ss} 和 P_{pa} 测井计算结果，据此可快速判断出储层的砂体结构类型，分别为块状砂体和薄互层砂体，块状砂体储层品质好，含油性好，试油日产油 13.09t，为高产工业油流；薄互层砂体储层品质相对较差，试油日产油 4.42t。

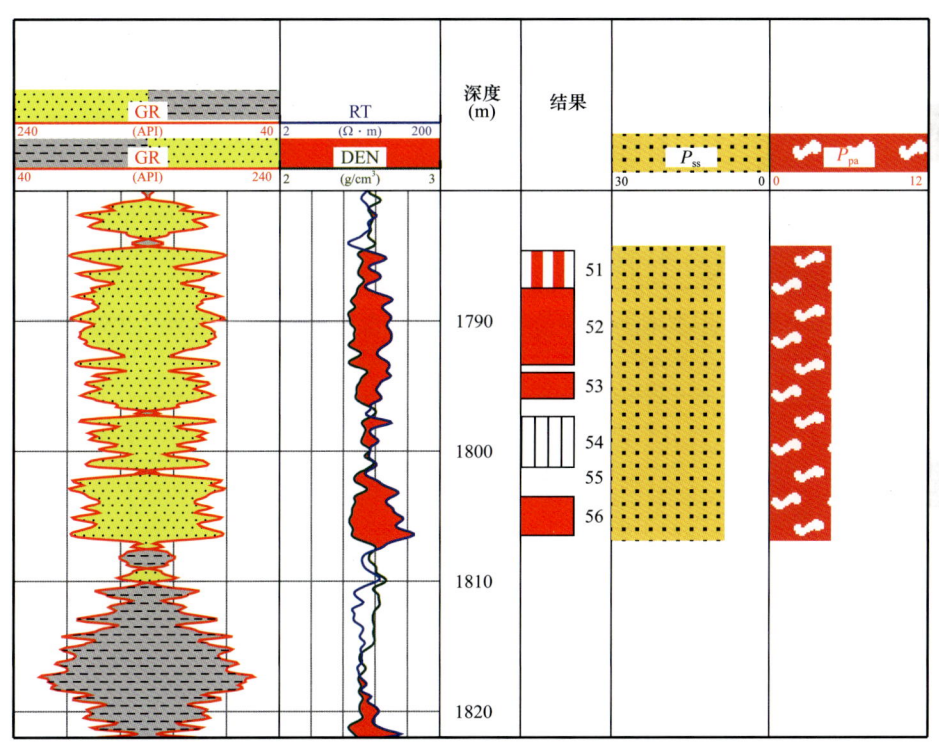

图 3-38　块状砂体测井评价砂体结构和含油非均质性结果（Z143 井）

通过对大量测井资料处理，结合试油结果分析，可以 P_{ss} 和 P_{pa} 两参数制作储层宏观砂体结构分类识别图版，如图 3-40 所示。该图指出，当 P_{ss} 由大变小时，储层由互层状砂体变化为块状砂体，储层宏观砂体结构逐渐变好，各向异性较弱；P_{pa} 由小变大时，表明储层含油性及其层内均质程度由差到好。因此，落在右上角的储层产量高，落在左下角的储层产量低（图中红色圆点表示产油大于 10t/d，绿色三角点表示产油小于 10t/d）。

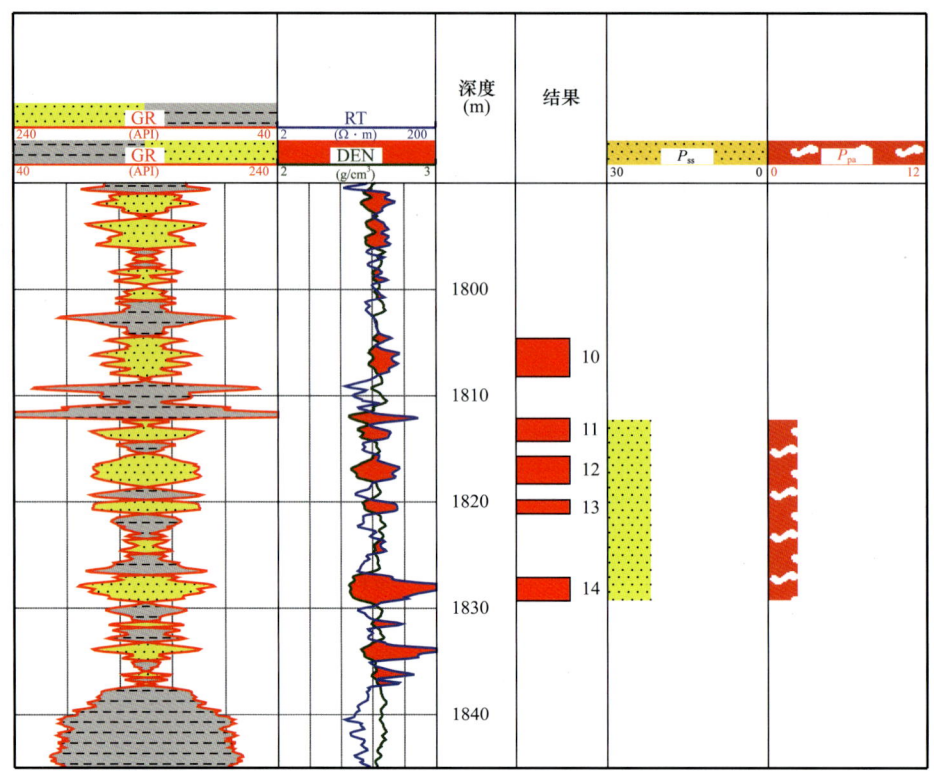

图 3-39　薄互层砂体测井评价砂体结构和含油非均质性结果（Z53 井）

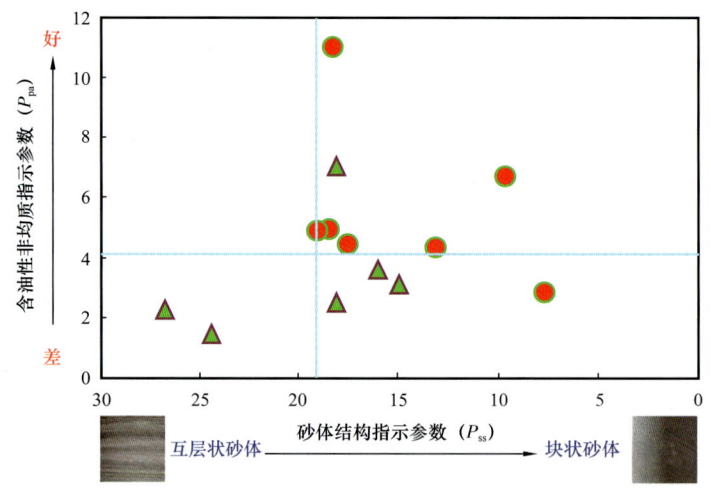

图 3-40　储层宏观结构类别划分图版

（二）储层孔隙结构评价法

储层孔隙结构的表征参数有孔隙度、渗透率、饱和度以及描述微观结构的排驱压力、中值半径和孔喉比等，这些参数均能由测井处理解释而求得，综合考虑这些参数，可以精细地评价储层品质优劣并进行储层分类。

中国陆相致密油千差万别，决定着不能简单地采用统一的孔隙结构标准评价储层品质，要结合岩石物理分析与试油压裂产液情况，研究孔隙结构表征参数的种类选取及其下限值确定，保证储层品质评价结果合理。

储层微观结构评价是致密油储层品质评价的关键，也是测井评价的重点和难点。致密油储层整体上孔喉半径较小，以小微孔为主，孔隙结构复杂（图3-41）。单一的储层物性参数难以有效划分储层品质类型，需要综合考虑储层孔渗条件、孔喉分布情况等建立储层微观结构表征参数。

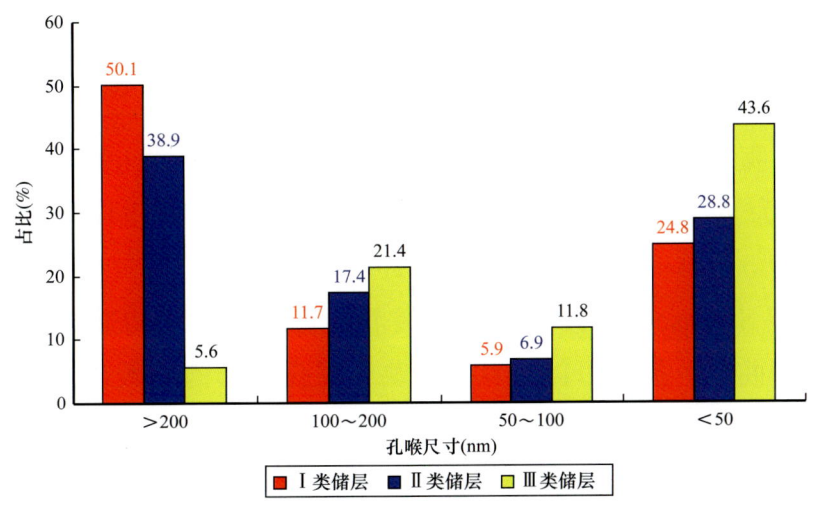

图3-41 致密油储层微观孔喉尺寸分布图（据长庆油田勘探开发研究院）

表3-6是近源砂岩致密油储层孔隙结构评价指标。从表中可以看出，如采用单一的参数（孔隙度、渗透率、排驱压力和中值半径），不同类别的储层间参数分布区间有所重叠，表明单一参数难以较好地划分储层品质类型。为此，构建了一个反映储层孔隙结构的综合评价指标PTI（孔喉结构指数），即

$$\text{PTI} = \omega_1 f_1(R_{\max}) + \omega_2 f_2(R_{pt50}) + \omega_3 f_3(\phi) \qquad (3-23)$$

式中，ω_1、ω_2、ω_3均为权系数；f_1、f_2、f_3均为最大孔喉半径、中值半径和孔隙度等参数的归一化函数；$R_{\max}$为最大孔喉半径，μm；R_{pt50}为中值孔喉半径，μm；ϕ为孔隙度，%。

应用配套的岩石物理实验，确定出每块岩心对应的孔隙结构参数，采用PTI计算结果结合毛细管压力曲线，可将储层品质清晰地分为四类，参数值不

存在重叠区间，可较好地实现储层微观结构分类，规避了测井处理解释中的多解性问题。

表3-6 基于孔隙结构参数的砂岩致密油储层品质评价指标

分类参数		储层品质分类			
		好	较好	中等	差
单参数	ϕ（%）	>12	10~12	8~11	6~9
	K（mD）	>0.12	0.08~0.12	0.05~0.09	0.03~0.07
	排驱压力（MPa）	<1.5	1.5~2.5	2.0~3.5	>3.5
	中值半径（μm）	>0.15	0.06~0.15		<0.1
综合参数（PTI）	孔喉结构指数	>0.8	0.6~0.8	0.4~0.6	<0.4

以核磁共振测井确定出式（3-23）中的储层微观参数（如最大孔喉半径和中值半径），为了提高计算精度，尤其是复杂岩性储层，也以核磁共振测井计算储层孔隙度。

应用基于 Swanson 参数模型的核磁毛细管压力曲线构造方法，确定出核磁毛细管压力曲线，据此可以计算出反映储层孔隙结构的微观参数，如：

排驱压力：

$$\lg P_d = 3.64\lg T_{2g}^2 - 5.69\lg T_{2g} + 1.35 \quad (3-24)$$

分选系数：

$$\lg S_p = -1.04\lg T_{2g}^2 + 1.65\lg T_{2g} - 0.13 \quad (3-25)$$

中值喉道半径：

$$\lg R_{50} = -2.92\lg T_{2g}^2 + 4.68\lg T_{2g} - 1.76 \quad (3-26)$$

图 3-42 为据核磁共振测井构造的毛细管压力曲线处理成果图（Z30 井），该图显示，储层段的孔隙结构较好，中值喉道半径平均 0.41μm，压裂试油可获得 20.83t/d 的工业油流。

图 3-43 为应用核磁共振测井计算的储层微观孔隙结构参数及应用式（3-23）计算的综合分类参数 PTI 结果（H22 井），根据表 3-6 对储层分类结果见图中第九道，对以Ⅰ、Ⅱ类储层为主的 104 号和 106 号层测井解释为油层，对以Ⅲ、Ⅳ类储层为主的 105 号层测井解释为差油层，104 号和 106 号层

该区储层岩石成分中石英等脆性矿物含量较高，储层脆性指数高，有利于后期压裂改造，并直接影响产量。根据该区脆性分析结果表明，脆性指数为 35.0～49.2，平均为 42。同时长 7 段垂向应力 σ_1=49.5MPa，水平两向应力差 σ_2-σ_3=6.3MPa，有利于形成复杂裂缝。

第五节　致密油"甜点"测井评价方法

以上述的"七性"关系和"三品质"评价成果为基础，以源储配置关系分析为重点，开展油气"甜点"测井评价，明确油气有利分布区域，掌握油气富集规律，优选致密油"甜点"区，为致密油储层参数计算、"甜点"预测、老井复查和水平井井位部署等提供关键技术支撑，提高致密油勘探开发效益。致密油的源储配置关系控制着"甜点"的分布，在"甜点"测井评价中，需要在源储匹配模式指导下，通过优选敏感参数建立相应的"甜点"测井评价方法，如致密油富集指数法、"三品质"平面叠加对比法等，达到优选"甜点"和指导勘探开发部署的目的。

一、源储配置关系分析

源储配置对致密油分布至关重要，致密油"甜点"优选应在分析目的层系源储配置关系基础上而开展。通过中国陆相致密油的源储深度上的相对关系，如以储层为参照位置，则主要存在三种源储配置关系，即源上型、源下型和源内型三种，而源内型又可细分为源储一体型和源储共生型（见图 1-3）。

顾名思义，所谓源上型的源储配置关系即为储层分布于烃源岩之上，如鄂尔多斯盆地延长组长 7_2 亚段和长 7_3 亚段致密油；源下型的源储配置关系即为储层分布于烃源岩之下，如松辽盆地扶余致密油；源内源储共生型为源储相互叠置，如松辽盆地的高台子油层；源内源储一体型配置关系则为烃源岩与储层为一体，储层即为烃源岩、烃源岩即为储层，两者并没有清晰界线，难以划分，如准噶尔盆地吉木萨尔凹陷芦草沟组和渤海湾盆地束鹿凹陷沙三段泥灰岩致密油。

这三类源储配置关系对致密油的聚集作用是不同的（见表 1-1）。一般地，源内型致密油的成藏条件最好，烃源岩的充注强度大且就近成藏，含油饱和度较高（可达70%～90%），原油品质好（0.75～0.80g/cm³）。当然，这种分布规律是基于烃源岩品质和储层品质同等条件下而言的。当源储品质均好时，尽管是源上型致密油（如鄂尔多斯长7_2亚段和长7_3亚段），由于源储距离很短，致密油的含油饱和度也很高。相反地，由于储层品质中等或一般，致密油的含油饱和度也不会高（如柴达木扎哈泉和四川大安寨段）。因此，致密油的"甜点"分布取决于烃源岩品质、储层品质和源储配置三要素。

从鄂尔多斯陇东地区长7段致密油的源储配置关系分析实例（Z147井—Z148井—Z230井—Z195井；见图1-4）可知，源储配置对致密油产量的控制作用明显。当烃源岩有机碳含量高（图中灰色充填部分）、厚度大，储层物性好、砂体结构好时，含油富集程度越高，单井产能就越高，反之亦然。整体上，湖盆中部烃源岩厚度大，储层厚度大，含油性较好，源储配置关系有利。

源储配置分析的核心参数是源储压差。该压差值越大，致密油成藏就好，含油饱和度就会较高。源储压差为烃源岩品质、储层品质和源储配置的综合作用结果。当烃源岩品质较好时，其生烃增压能力就强，可产生较大源储压差，有利于致密油连续充注聚集成藏，如图3-49所示，松辽盆地青一段与其下泉四段储层的源储压差达8～15MPa，是运移聚集扶余致密油的主要动力。当储层品质较好，其排驱压力较低，在烃源岩增压一定的条件下，等效于源储压差较大，由此易于致密油成藏；反之，储层品质较差时，其排驱压力较高，如要成藏就需较大的烃源岩生烃压力以克服该排驱压力。

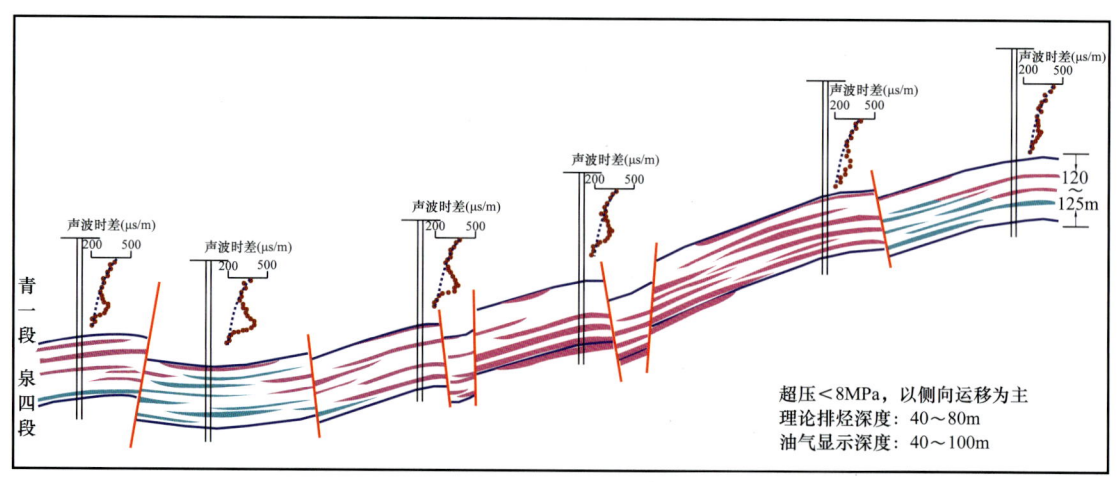

图3-49　松辽盆地南部扶余油层成藏模式图

源储压差与烃类聚集距离及运移通道有关。当烃类聚集距离较长时，即使烃源岩生烃压力不变，在扩散作用下，到达储层的烃类压力就相应地降低，成藏动力减弱。如图3-50所示，同等孔隙度条件下，陇东地区的长7段致密油含油饱和度高，而距离生烃中心较远的陕北地区的长7段致密油就较低，当孔隙度为6%时，前者的含油饱和度为60%～80%，而后者则为40%～65%，多为油水同层甚至存在水层，两者差距较大。进一步分析发现，这种差距随着孔隙度减小而增大，这意味着当源储距离增加时，排驱压力较大、品质较差的储层成藏难度加大。

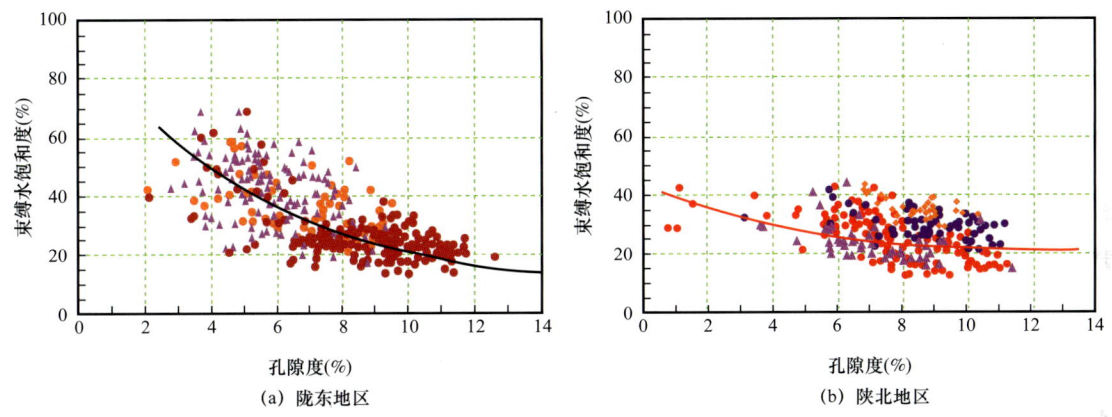

图3-50 鄂尔多斯盆地长7段密闭取心孔隙度与束缚水饱和度关系图

柴达木盆地扎哈泉地区N_1致密油源储配置关系分析表明，烃源岩与储层的配置关系直接控制致密油的成藏与分布。扎哈泉地区N_1烃源岩按照岩性主要分为泥灰岩和泥岩两类；咸化湖盆中，碳酸盐含量的高低能够反映沉积水体的深浅，灰质含量高说明沉积环境偏还原性，利于有机质的保存；泥灰岩有机碳平均值为0.9%，为研究区优质烃源岩；泥岩有机碳平均值为0.51%，与其他致密油探区相比，烃源岩TOC值明显较低。根据生烃评价结果，该区的优质烃源岩TOC下限为0.6%，致密油成藏需要储层与烃源岩具有良好的匹配关系。根据源储配置关系分析，该区具有四种配置类型：优质烃源岩与优质储层、优质烃源岩与差储层、差烃源岩与优质储层、差烃源岩与差储层。其中，优质烃源岩与优质储层模式为最好的匹配类型，如图3-51所示3466～3475m段即为这一模式（Z208井），烃源岩为泥灰岩，高铀，计算的TOC超过0.8%；储层为滨浅湖的滩坝，厚度2～4m，孔隙度8%～10%，孔隙结构好，与上覆烃源岩直接接触，测井解释为油层。图3-52所示3512.5～3515m为差源岩与优质储层模式（Z207井），源岩为滨浅湖相泥，铀低，计算的TOC小于0.6%；储层为滨浅湖的滩坝，厚度超过1m，孔隙度7%～12%（典型水层，物性好，电阻率低）。

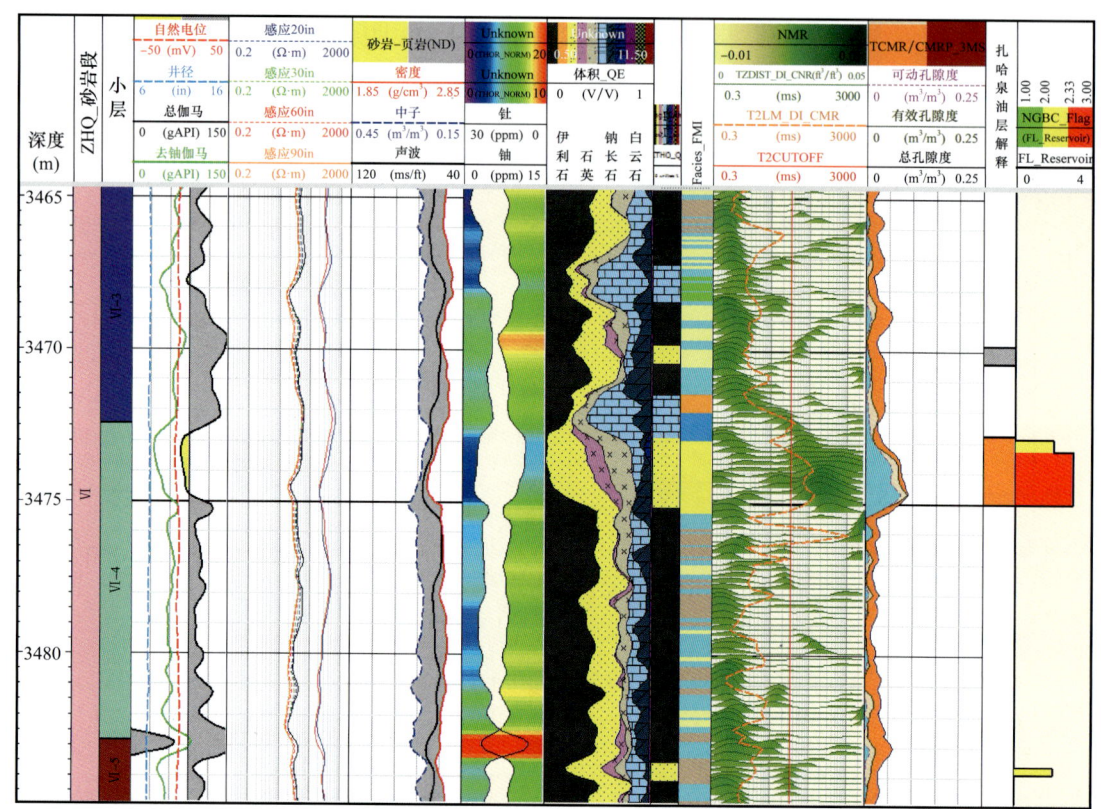

图3-51　柴达木盆地N_1致密油优质烃源岩＋优储层匹配关系图
（据青海油田勘探开发研究院）

二、"甜点"测井评价方法

考虑源储配置关系确定出致密油"甜点"类别，具体评价指标见表3-7，以此圈定致密油的"甜点"类别。如前所述，在优选致密油"甜点"时，还应考虑源储接触关系和源储运移距离与通道属性等，并考虑致密油的分布面积大小等，综合优选出致密油的平面分布。以表3-7的"甜点"评价指标为基础，综合考虑四川盆地川中地区大安寨段和鄂尔多斯盆地陇东地区长7段等致密油"甜点"优选实例，分别形成了致密油富集指数法和多参数平面叠加对比法等"甜点"测井评价方法。

究和地球化学指标分析，建立致密油/页岩油"甜点"及与之匹配的地球物理响应参数之间的关系模型，形成一套从正演模拟到地震反演的致密油/页岩油储层"甜点"预测方法技术。致密油/页岩油"甜点"地球物理响应特征反映高产油储层层段在地震上的纵向分布特征，并且能明确高产油地质条件下的地球物理响应特征。

自 2002 年以来，美国大力开展页岩气地质特征研究，有机地球化学指标用于页岩油气热演化和产量特征等系统综合研究，能获得更丰富有机地球化学（TOC 和 R_o）"甜点"参数条件下的地震响应特征，从而突破了利用地震资料预测致密油/页岩油"甜点"地震响应特征的认识，为致密油/页岩油"甜点"地震预测指明方向。

2000—2012 年，国内外许多学者分别建立了对岩石骨架、有机质和压力参数的预测模型，相关研究表明富含有机质页岩的孔隙度和 TOC 之间常呈正相关，利用地震属性分析方法研究页岩油气"甜点"地球物理响应特征，这些理论和技术发展了致密油/页岩油储层地球物理表征的问题，从根本上认识致密油/页岩油储层的地球物理响应机理，最终建立对致密油/页岩油储层"甜点"参数的预测模型，实现对储集体的客观全面刻画，致密油/页岩油"甜点"地球物理预测理论技术的集成得到进一步发展。Cooper Smith 等（2013）利用地震数据建立对非常资源"甜点"区的识别，提出根据地震数据值解释高产油气层，为钻井井位的布署提供有意义的解释依据。Dowdell（2013）采用叠前反演方法预测密西西比系石灰岩储层纵波、横波阻抗和密度地震体，研究发现密度地震体也能够识别储层"甜点"地震响应特征，综合这些参数识别高孔隙度和高裂缝密度"甜点"区。Gupta（2013）依据岩心和测井资料，应用叠前地震反演方法识别 Woodford 页岩"甜点"分布区，从而提高了完井质量，叠前反演技术方法得到不断地拓延和发展。邹才能等（2015）认为页岩油"甜点"是在不同地质背景下评价烃源岩品质（总有机碳含量、成熟度等）、储层品质（孔隙度、优质储层岩性、含油性等）及工程品质（裂缝、脆性、地层压力、地应力等）要素，并优化匹配这些特性，称为页岩油"甜点"。

总的来说，近几年来，叠前同步反演、叠后波阻抗反演技术及多属性分析方法在非常规油气"甜点"地震预测的研究中得到了迅速的发展和应用，特别是在国外非常规油气藏勘探领域和油田开发领域。

六、致密油"甜点"地震预测面临的问题

中国陆相盆地致密储层孔隙结构复杂、流体黏滞性偏高、微裂缝发育、油水地球物理响应差异小，介质和孔隙流体的复杂性对基于均匀介质和理想流体假设的经典孔隙介质声学理论提出了挑战。与以圈闭描述为对象的常规地球物理勘探理论和技术相比，致密油有效储层识别、储层参数计算、烃源岩评价、工程参数评价、"甜点"综合评价等地震勘探技术也面临着新挑战。主要体现在以下几个方面：（1）非常规油气勘探对地震勘探资料的品质提出了更高要求，比如提高地震资料的分辨率，要求地震资料处理需要相对保幅、波形保真，而常规地震处理方法主要是应用克希霍夫积分法和波动方程微分法，这两种常规处理方法在保真保幅等方面依然不足，影响地震储层预测。（2）致密油藏具有单层厚度薄、储层物性较差、横向不连续、纵向上数个砂层叠加、分布规律复杂等特点，使得基于常规储层的反演预测技术已经很难满足致密油勘探的实际需求。（3）致密油藏储层岩石类型多、岩性组分复杂，骨架一般由石英、长石、白云石和方解石、黏土等，另外有机碳和黄铁矿也常在致密油气储层出现，单一的地震属性较难区分致密油储层复杂的岩性。（4）致密油储层复杂的微观结构，增加了地震岩石物理技术分析储层性质和地震属性之间联系的难度。对于致密油储层孔隙度预测，一般都需要建立速度—孔隙度关系，这种关系无论是线性或非线性，都随着纵向压实和横向沉积的变化而时变和空变，因此很难建立一个准确的岩石物理模型，导致由地震参数转化为孔隙度时预测精度不高。对于储层的渗透率预测，目前在地震上还没有有效的预测方法。致密油储层中油水关系复杂，流体充注孔隙的空间展布非常复杂，加大了流体预测和流体识别的难度。（5）虽然烃源岩评价技术在不断发展，但国内外文献中用地震资料直接定量预测有机碳含量的报道较少，由于地震属性固有的多解性，导致其在 TOC 预测上也存在不确定性。（6）储层脆性指数与破裂压力的研究多集中于岩石物理测试等方面，用地震资料计算岩石力学参数的文献很少，其中大部分是对页岩油气"甜点"的脆性评价，储层力学和评价参数在致密储层预测和"甜点"靶区优选中的应用还没有形成确定的理论方法，属于探索阶段。（7）致密油储层中发育大量裂缝，导致地下存在多类属性（速度、频率、振幅等）的方位各向异性，给致密油储层的地震响应机理研究

带来困难。

近几年来，叠前同步反演、叠后波阻抗反演技术及多属性分析方法在非常规油气"甜点"地震预测的研究中得到了迅速的发展和应用，特别是在国外非常规油气藏勘探领域和油田开发领域都发挥了重要作用。目前致密油勘探开发对地球物理的需求主要体现在技术层面，但涉及具体的技术难题时，往往又与致密油层地球物理响应的基本原理、机理不清有关，这与致密油介质的特殊性、孔隙结构复杂性和孔隙流体的极低可动性有关。因此，进行基础的岩石物理实验、理论模型研究显得尤为重要。在岩石物理特征实验和理论模型研究的基础上，如何进一步分析致密油储层和烃源岩的弹性参数特征、井筒和地震响应特征，从而揭示致密油地球物理响应机理，研发对应的烃源岩、储层地震预测技术都将具有挑战性。而研发的此类预测技术在致密油"甜点"预测评价应用方面，应考虑如何与致密油"甜点"测井解释结合，更好地发挥致密油"甜点""面上"的地震预测作用。

第二节　混积岩型致密油"甜点"地震预测技术

针对混积型致密油储层岩性复杂，传统的地震反演技术难以预测岩性、孔隙度、烃源岩 TOC 含量，研发了混积岩岩性、孔隙度和烃源岩岩性、TOC 含量定量预测岩石物理模板技术，形成三维叠前保幅处理技术、三组元岩性孔隙度预测岩石物理模板技术、三组元岩性 TOC 含量预测岩石物理模板技术、断层增强裂缝预测技术、地应力预测技术、"甜点"区地震属性综合评价等 6 项混积岩致密油"甜点""六性"预测技术系列。

一、面向储层预测的三维叠前保幅处理技术

吉木萨尔凹陷位于准噶尔盆地东部隆起的西南部，面积约 1300km^2，是一个西断东超的箕状凹陷，主体勘探部位相对平缓，构造倾角 3°～5°。研究区位于准噶尔盆地东部，吉木萨尔以北 5～30km，行政上属昌吉州管辖。工区整体地形南高北低，除北部沙漠区地形起伏较大（相对高差约 20m）外，其他地区地形较为平坦，海拔高程 579～620m。J17 井区三维满覆盖面积 237km^2，覆盖次数 48 次，由于储层是由多矿物组成的复杂薄互层，单层厚度只有 1～4m，

在地震上难以识别、预测；而且"甜点"累计厚度达 30～60m，在常规地震剖面及各属性上无明显综合响应特征，因此仅依靠地震资料难以对储层进行区分。

工区地表主要为农田、草场、戈壁，地表条件复杂，环境噪声源较多，面波、脉冲干扰等各种干扰波发育，叠前保幅去噪困难；多次波较发育，在速度谱上多次波特征明显，严重影响速度分析、道集质量以及构造成像，因此在该工区开展多次波压制技术尤为重要；工区观测系统差异明显，炮检距分布与激发接收条件变化大，原始单炮能量一致性较差，炮内、炮间、线束间能量差异明显。由于激发和接收条件不同，资料的纵横向振幅变化较大，震源子波差异大，使得地震记录在相位、频率、振幅等方面都存在较大的差异，给地震资料的一致性处理增加了很大的难度。针对以上处理难点，采用了三维折射波静校正处理技术、多域叠前去噪技术、地表一致性处理技术、叠前多次波衰减处理技术、叠前数据优化处理技术、叠前时间偏移处理技术，通过多轮次处理解释一体化结合，三维地震资料成像品质有很大改善。

二、三组元岩性孔隙度预测岩石物理模板技术

芦草沟组在吉木萨尔整个凹陷均有分布，厚度为 200～350m，可分为上下两段，两段都有"甜点"相对集中的"甜点"体发育。上"甜点"体主要岩性为云屑砂岩、砂屑云岩及岩屑长石粉细砂岩，下"甜点"体主要岩性为云质粉细砂岩。该区致密油储层覆压孔隙度分布在 6%～16% 之间，覆压渗透率整体小于 0.1mD。

上下两段"甜点"体地震预测中主要面临两个问题：一是单套储层很薄，"甜点"累计储层厚度略高于地震分辨率极限，地震响应非常弱。地震能分辨的地层厚度约为 23m（$\lambda/8$），然而单套储层厚度一般小于 10m，"甜点"体的累计储层厚度可以满足该要求，因此地震仅仅反映了"甜点"体的总体特征，而不能刻画单套储层；二是岩性复杂，非均质性强，岩石物理特征不清楚，地震储层预测难度大。因此需要加强岩石物理特征分析，明确岩性、物性、含油气性、TOC 含量等因素对弹性特征的影响，开展叠前地震定量预测，提高致密油储层预测精度，降低地震解释多解性。

对于混积岩致密油"甜点"区预测，储层岩性、孔隙度参数的预测很关

键。岩石物理模板建立了岩石弹性参数和储层孔隙度、含水饱和度、泥质含量等属性参数之间的关系，是定量地震解释中的必备工具。声波阻抗 AI—纵横波波速比 v_p/v_s 是最常用的岩石物理模板（RPT），不仅可以区分砂岩和泥岩，还可以识别气砂与干砂。吉木萨尔芦草沟组储层岩性复杂，主要有云屑砂岩、砂屑云岩、微晶云岩、云质粉砂岩和泥质粉砂岩，根据吉 174 井芦草沟组储层岩心样品矿物组分统计，硅酸盐类占 51%，碳酸盐类占 38%，黏土占 10%，黄铁矿少量。图 4-1 为储层段测井数据的纵波阻抗和纵横波波速比交会图，由于储层为硅质、白云质、泥质混合，岩性与物性的影响耦合在一起，传统的岩石物理模板难以实现储层定量预测。

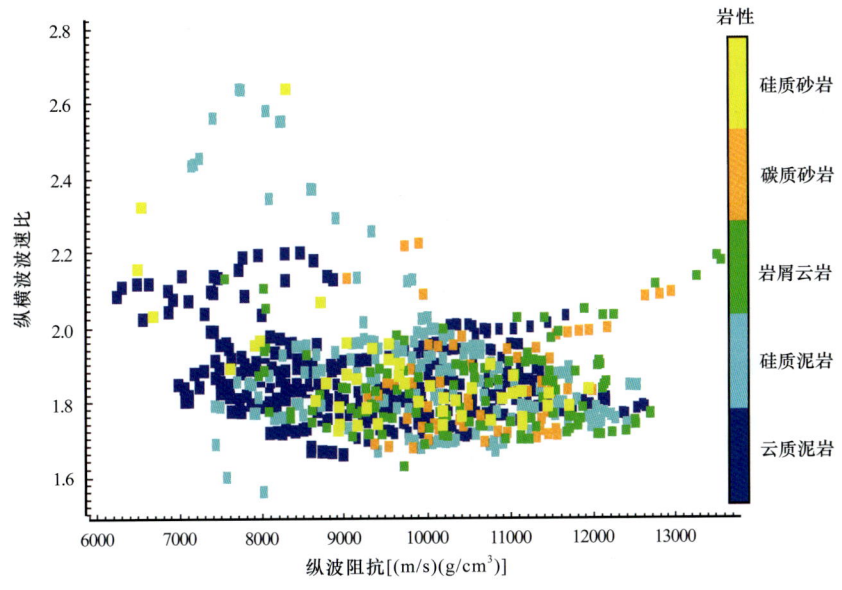

图 4-1　吉木萨尔凹陷 J174 井储层段测井数据阻抗和速度比交会图

为解决混积岩岩性和孔隙度、TOC 含量的定量预测难题，基于双孔双骨架模型正演模拟分析得到了孔隙度、TOC 敏感参数，图 4-2 为孔隙度和 TOC 分别变化 10% 时，密度、纵横波速度、阻抗、模量等 9 种弹性参数的变化大小，考虑到岩性识别敏感参数和地震反演可获得参数的可靠性，选择纵波阻抗和纵横波波速比两参数交会制作孔隙度预测模板，选择密度和泊松比两参数交会制作 TOC 预测模板。

考虑到吉木萨尔致密油储层三种主要矿物组分为：云质、砂质、泥质，以这三种组分不同混合比例作为硬矿物骨架成分，孔隙度从 2% 变化到 16%，

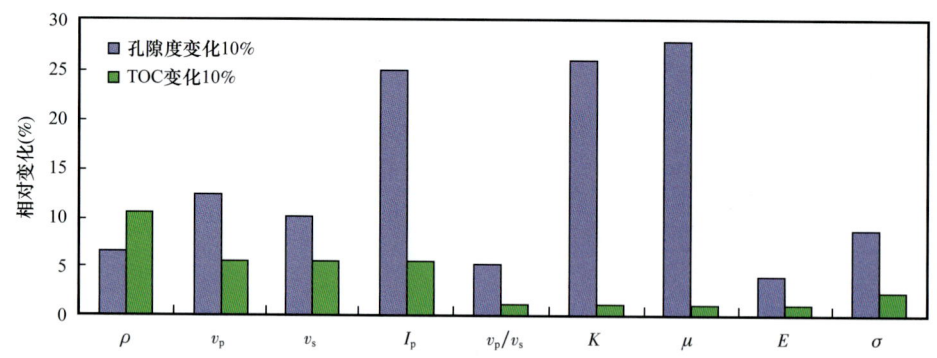

图 4-2 密度等 9 个弹性参数随孔隙度变化 10%、TOC 变化 10% 时的相对变化

I_p—纵波阻抗

图 4-3 为纵波阻抗和纵横波波速比预测岩性和孔隙度的岩石物理模板。依据储层段黏土含量小于 10%，优质储层孔隙度大于 5%，纵横波波速比小于 1.85（纯白云岩），100% 砂岩随孔隙度变化线，纵波阻抗大于 8（km/s）（g/cm³），这五条红色界线可以将储层识别出来，将测井数据或地震反演数据投影到该图板上，可以定量确定矿物组分含量和孔隙度，完成储层岩性和物性的地震定量预测。

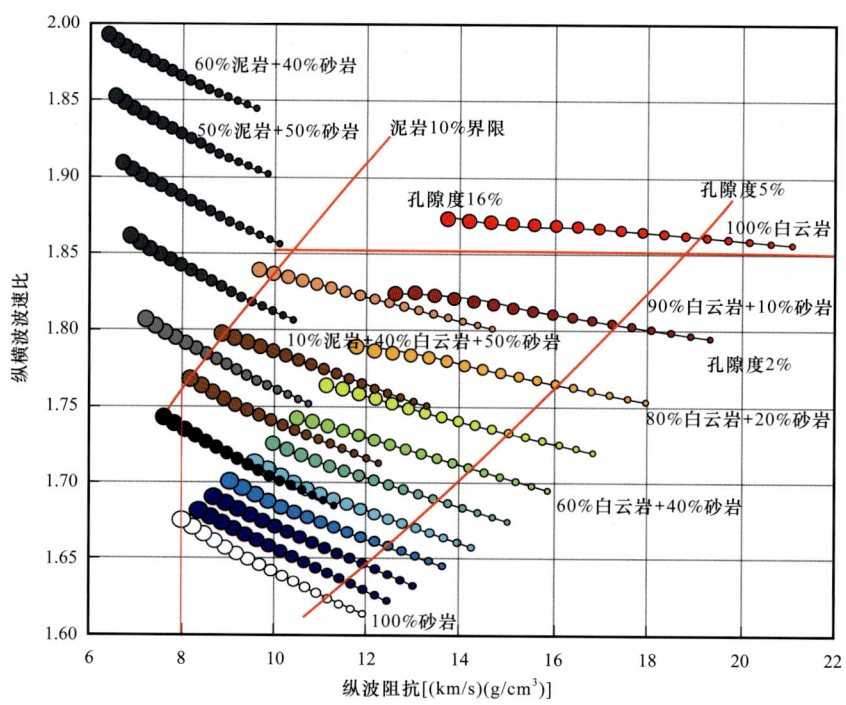

图 4-3 混积岩致密油储层岩性和孔隙度预测岩石物理模板

图 4-4 为反演得到的过 J174 井和 J31 井的芦草沟组云质含量、孔隙度剖面。可以看到上下两段"甜点"体边界清晰、储层分布特征明显，孔隙度均在 5% 以上，上"甜点"体优势岩性（高云质含量）和物性都优于下"甜点"体，预测结果与实际生产情况相符，证实了新岩石物理模板的有效性。图 4-5 是芦草沟组上"甜点"体预测孔隙度分布图，可以看出，J31—J171—J17 井区孔隙度整体较高，J17 井以东孔隙度普遍较低。按照"甜点"划分标准，"甜点"体主要分布在 J22 井以西，预测结果与实钻情况吻合度较高，证明了该方法用于孔隙度预测的有效性。

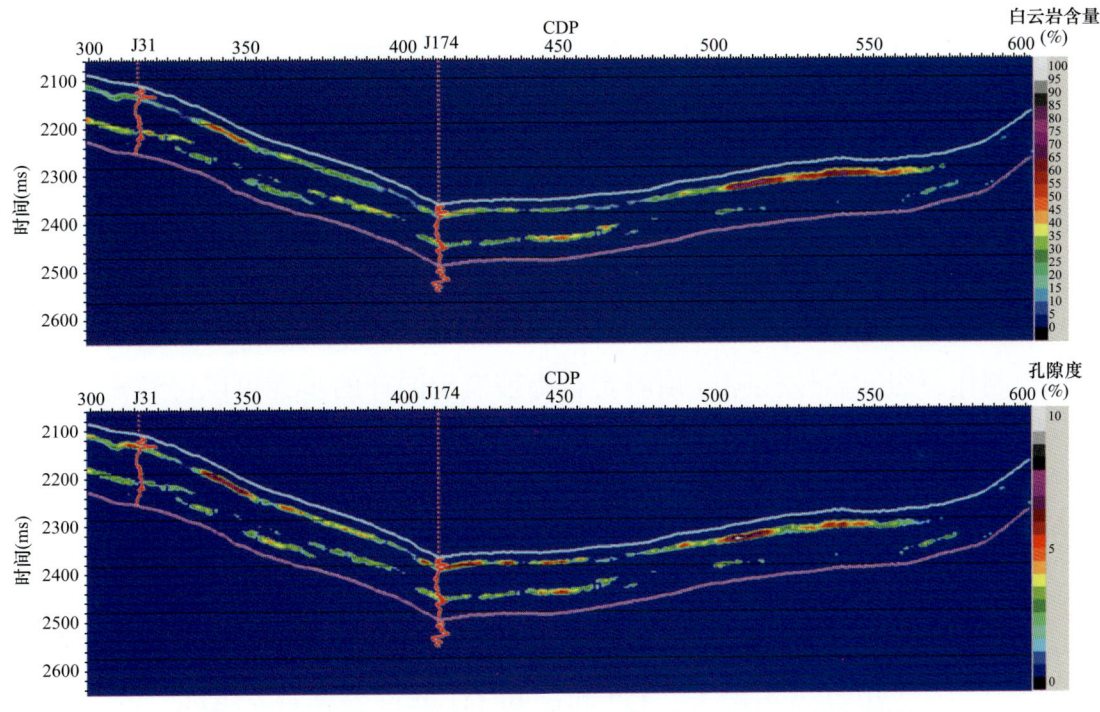

图 4-4 混积岩致密油储层岩性和孔隙度预测岩石物理模板

三、三组元岩性 TOC 含量预测岩石物理模板技术

陆相湖盆中发育的优质烃源岩是形成规模致密油的物质基础，TOC 是评价烃源岩生烃能力和致密油"甜点"区品质的一个重要指标。吉木萨尔致密油主力烃源岩岩性为灰黑色泥岩、白云质泥岩，有机质类型以Ⅰ型与Ⅱ型为主，镜质组反射率为 0.6%~1.6%。当烃源岩为混积岩时，岩性复杂造成的弹性性质与 TOC 之间的关系一般为非线性，为了获得烃源岩 TOC 的横向展布，

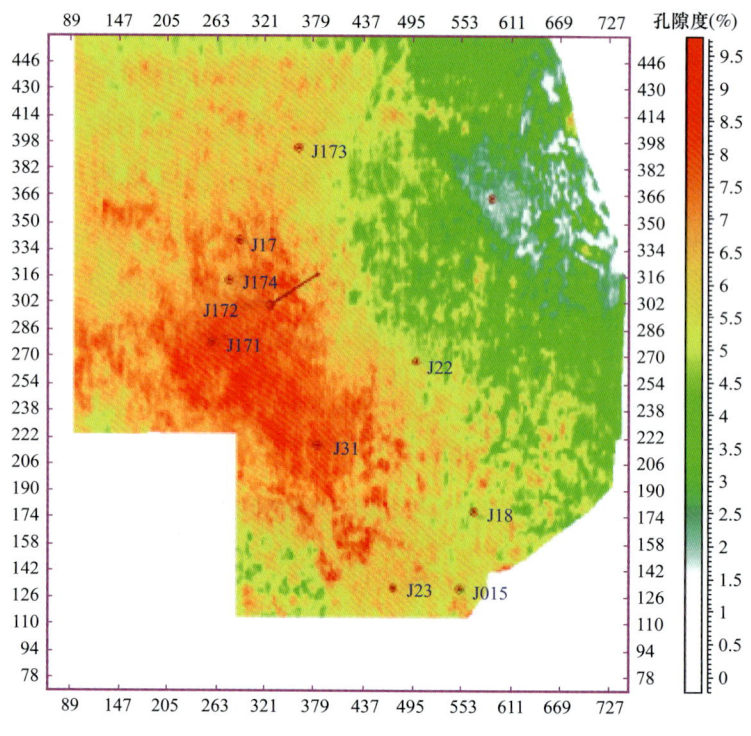

图 4-5　J17 工区上"甜点"叠前反演孔隙度平面图

采用与制作三组元岩性孔隙度预测岩石物理模板同样的步骤可以得到密度和泊松比交互预测烃源岩岩性和 TOC 含量的岩石物理模板（图 4-6），烃源岩也是由白云质、砂质、泥质三种矿物组成，一般孔隙度小于 4%，图版上 TOC 含量从 2% 变化到 12%，将测井数据或地震反演数据投影到该图板上，可以定量确定矿物组分含量和 TOC 含量，完成烃源岩岩性和 TOC 的地震定量预测。图 4-7 为 J17 上"甜点"体的烃源岩厚度和 TOC 含量平面分布，TOC 含量整体为 4%~5%，生烃潜力较大，J22 井区和 J31 井区及西侧的 TOC 含量最高，从厚度上看，整体厚度大于 50m，烃源岩品质整体较好。

四、断层增强裂缝预测技术

天然裂缝发育程度是致密油高产的一项主控因素，一方面裂缝的存在改善了低孔渗致密油藏的渗流条件；另一方面高压注水导致裂缝开启，增加渗流通道。实际储层中的天然裂缝分布极为复杂，有关裂缝预测的方法也随着"宽方位、高密度"采集技术和共炮检距向量片（OVT）处理技术的发展与应用不断地丰富和创新。叠后地震属性预测方法大多是基于地层形变原理优选相关属性

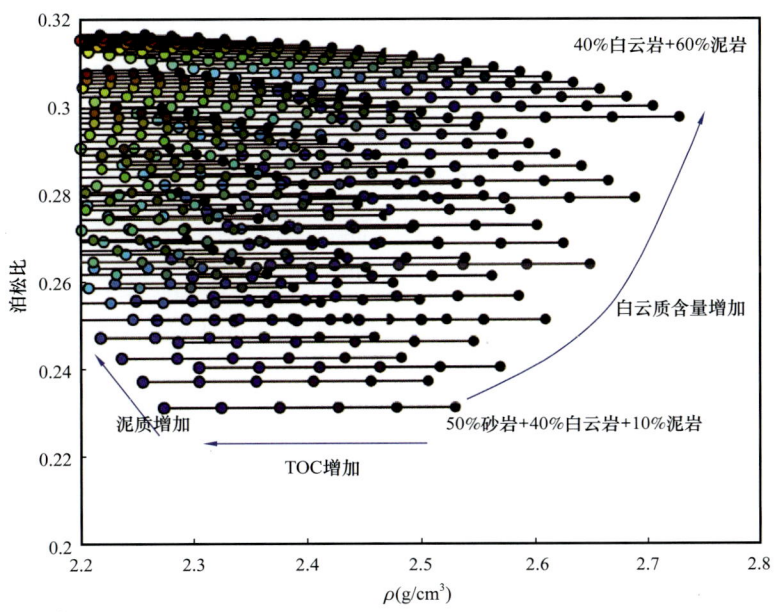

图 4-6 混积岩致密油烃源岩岩性和 TOC 预测岩石物理模板

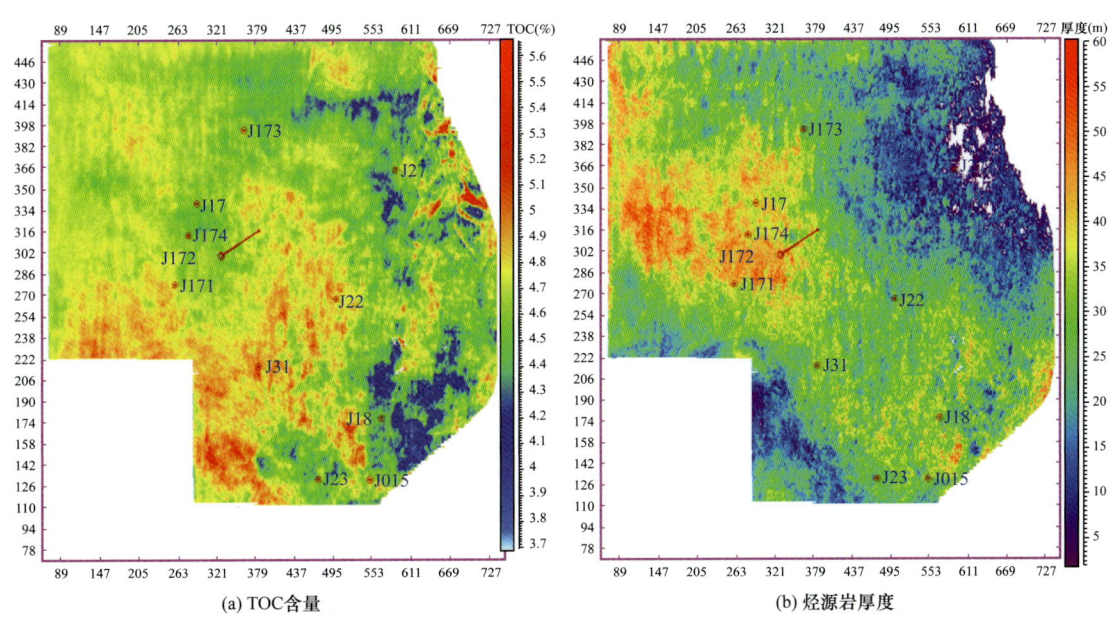

图 4-7 J17 上"甜点"体 TOC 含量和烃源岩厚度

进行的，和裂缝相关的地震属性很多，几何参数类有曲率、倾角、方位角等，波形相似类有相干体、方差体、边缘检测等，吸收衰减类有振幅、振幅衰减、频率、频率衰减、频谱属性、地层吸收系数等。断层增强处理技术在沿层边缘检测属性的基础上通过对断层走向、倾向方向的增强得到一个更清晰的断层检测结果。

图 4-8 为采用断层相干增强技术对 J17 工区上"甜点"体顶面和下"甜点"体底面进行裂缝预测的平面图，从下"甜点"体裂缝预测图上可以看到，J172 水平井位于连通性好的网状缝发育区，产量明显较高，而其他井都位于单组缝区域，由于单组缝在压裂后无法连通，达不到很好的改造效果，产能普遍低于 J172 井；J174 井附近"甜点"区天然裂缝相对不发育，这就需要在工程压裂方案设计中尽可能增加人工造缝以提高致密油层的产出率。

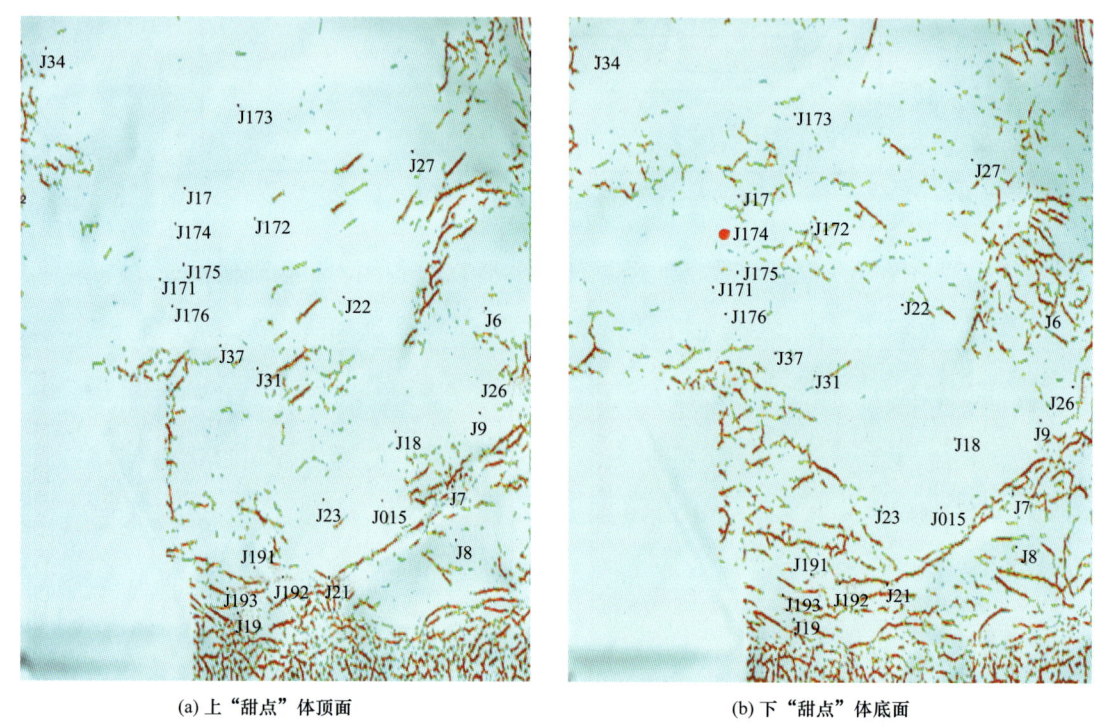

(a) 上"甜点"体顶面　　　　(b) 下"甜点"体底面

图 4-8　J17 工区上"甜点"体顶面和下"甜点"体底面裂缝预测平面图

五、地应力预测技术

地应力是指岩石在漫长的地质年代里，由于地质构造运动等原因，使地壳物质产生的内应力效应，也可理解为地下某深度处岩石受到的周围岩体对它的挤压力。地应力主要来源于上覆岩体的自重、板块边界的挤压、地幔热对流、新老地质构造运动、地温梯度的不均匀性和地层中的水压梯度等。通常地应力大小可用 3 个主地应力来表示：上覆地层压力、最大水平主地应力、最小水平主地应力。由于地质构造运动的方向性，两个水平向的地应力是不同的。地应力各向异性采用最大和最小水平主应力差计算,水平主应力差越小,应力各向异性越弱,在压裂中,越相对容易形成缝网,因此水平应力差对油田水平井压裂方案设计具有重要指导意义。

图4-9给出了J17工区上"甜点"体的水平应力差分布,整体上水平应力差小于20MPa,在优质储层段,应力差小于15MPa,各向异性相对较小,适合体积压裂,J172_H井水平段长度为1233m,完钻后实施15级压裂,微地震检测结果表明15级储层得到了有效改造,单级缝长200～250m,压裂带宽20～50m。该井试油试采260天,累计产油7864t,平均日产油30.25t,达到了较好的储层改造效果,提高了致密油的动用率。

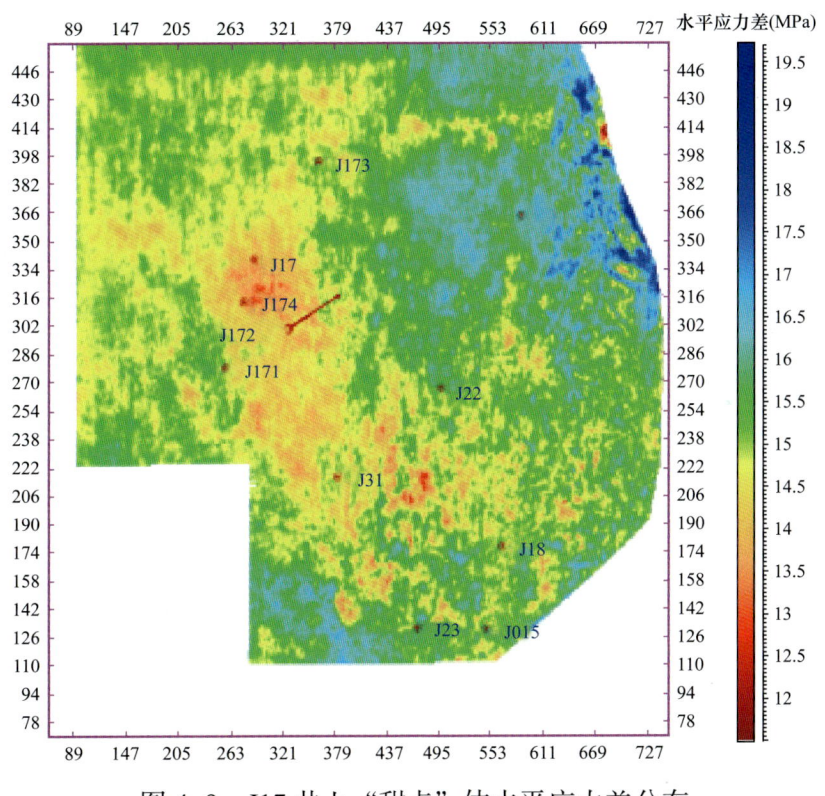

图4-9 J17井上"甜点"体水平应力差分布

六、混积岩致密油"甜点"区地震属性综合评价

新疆油田对测井资料进行分析,按照岩性、孔隙度和渗透率指标,将芦草沟组致密油"甜点"进行分类,图4-10为吉木萨尔致密油储层测井评价的分类标准,表4-1为三类储层测井关键参数取值范围。

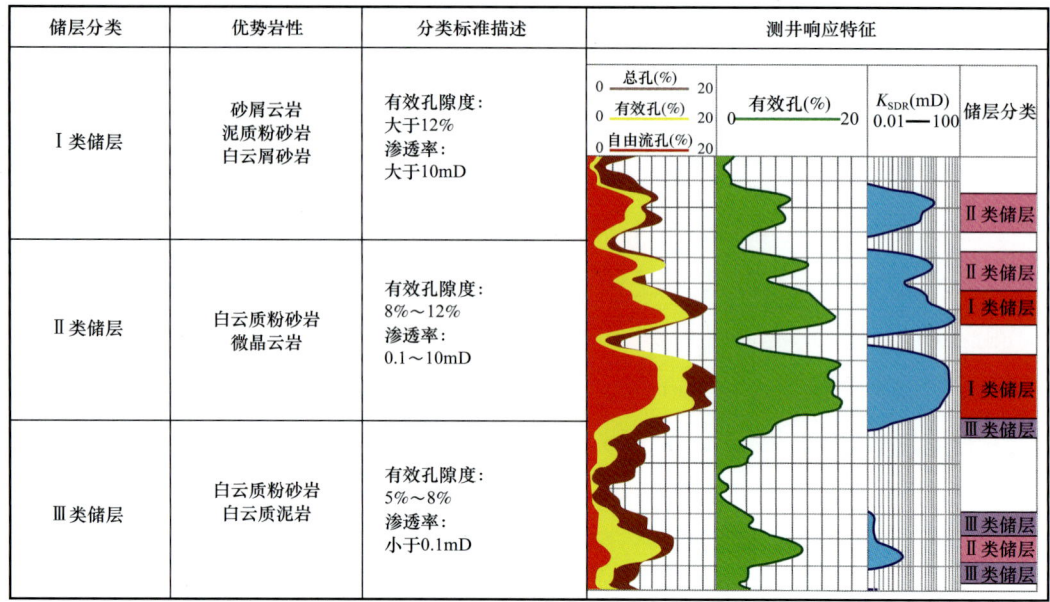

图 4-10 吉木萨尔致密油储层测井评价方案

表 4-1 吉木萨尔致密油"甜点"分类测井关键参数

分类	烃源岩			储层		
	有机质类型	TOC（%）	R_o（%）	孔隙度（%）	渗透率（mD）	含油饱和度（%）
Ⅰ	Ⅰ—Ⅱ₁	>3.5	>1	>12	>0.01	>60
Ⅱ	Ⅱ	2.5～3.5	0.85～1	8～12	0.0025～0.01	55～60
Ⅲ	Ⅱ₂	1.3～2.5	0.5～0.85	5～8	0.0007～0.0025	52～55

对吉木萨尔 J17 工区地震资料进行叠前反演，采用前述 6 项技术进行"甜点"区品质评价获得储层物性、优势岩性、烃源岩总有机碳含量、岩石脆性、水平应力差、裂缝发育平面分布，最后综合岩石物理测量数据、测井数据和地震反演数据提出了吉木萨尔致密油"甜点"预测地球物理指标：（1）优势岩性，白云质粉砂岩、长石岩屑粉砂岩、白云岩；（2）孔隙度大于 5%；（3）烃源岩 TOC 含量大于 4%；（4）岩石脆性指数大于 0.7；（5）波阻抗范围为 8.5～15（km/s）（g/cm³）；（6）纵横波波速比范围为 1.65～1.85；（7）杨氏模量大于 15GPa；（8）泊松比小于 0.2。综合岩性、物性、烃源岩特性、脆性、裂缝和水平应力差分析，得到上"甜点"体的平面分布图及厚度图

（图4-11），"甜点"主要分布在J174井区、J31井区、J22井区，"甜点"厚度整体大于25m，展现了较好的勘探前景。

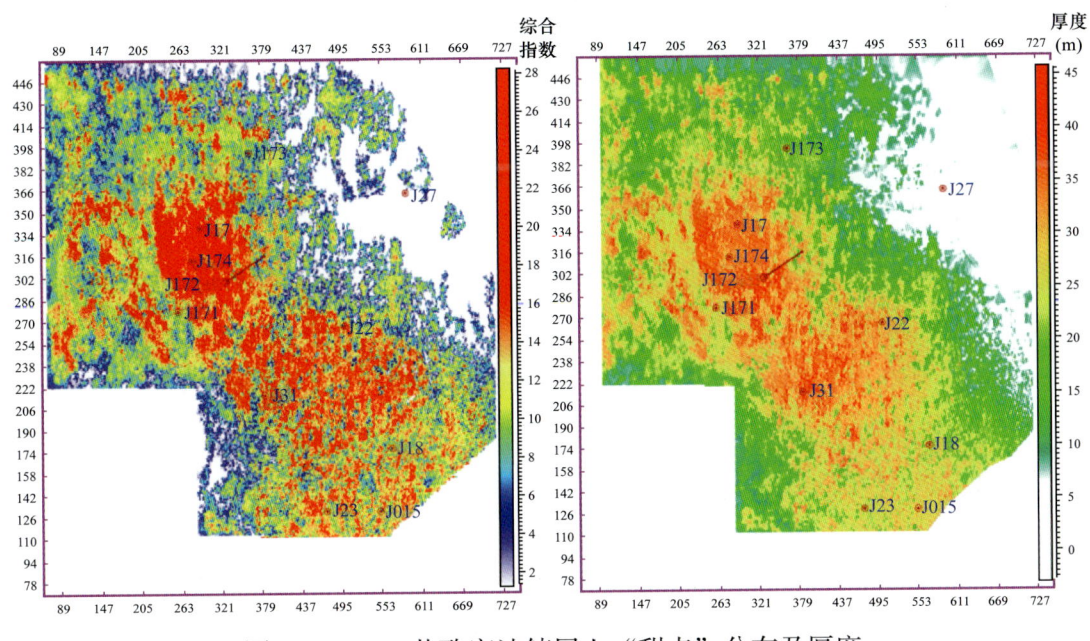

图4-11　J17井致密油储层上"甜点"分布及厚度

第三节　碎屑岩型致密油"甜点"地震预测技术

针对碎屑岩致密油工区复杂地表、砂泥薄互层横向展布变化快、含油性检测困难等难点，形成以黄土塬区保幅保真处理、地质统计学和波形分类反演、多属性融合预测含油性、TOC定量预测、基于弹性参数的脆性评价、多尺度裂缝预测、各向异性地应力预测、"甜点"区智能优选技术为核心的8项碎屑岩致密油地震预测技术系列，提高"甜点"区预测精度。

一、黄土塬区保幅保真处理技术

鄂尔多斯盆地处于华北克拉通的西南部，分为六个一级构造单元。油气勘探开发区主要位于伊陕斜坡和天环坳陷。具有"满盆气半盆油、上油下气"的特点。研究区位于盆地西南部，属典型的黄土山地地貌，海拔为1100～1450m。表层第四系巨厚黄土厚度为100～250m，下伏白垩系环江华池组砂岩，环江、柔远河川道及支沟有部分砂岩出露。黄土层湿黄土相对较为稳定，深度为 12～18m。低降速层厚度横向变化较大，范围为 100～260m。地下构造简单，整体呈现为东高西低的西倾单斜，倾角不足 1°，在平缓单斜的区域背景上发育小幅度鼻状构造。由于地表结构复杂，静校正问题突出，地震反射波同相轴扭曲严重，仅在平缓地区可见反射同相轴；另外，表层覆盖巨厚黄土，对地震资料产生强烈的吸收衰减，地震资料能量衰减严重，中远排列地震记录能量明显减弱；为了适应工区复杂的地表条件，采用了井炮、可控震源联合激发的方式进行采集，两种不同的激发方式采集的地震资料在能量、频率、相位方面存在较大差异，给地震资料一致性处理带来了较大困难。因此，黄土塬区地震资料处理难点在于静校正、去噪、衰减补偿、一致性处理等。

针对以上难点，提出了以保幅高分辨率为主线，立足黄土山地静校正技术攻关，强化井震一致性处理，综合叠前多域迭代去噪、近地表补偿和地表一致性反褶积、各向异性叠前时间偏移，实现高信噪比、高分辨率和高精度成像，提高地震资料品质，夯实地震综合解释资料基础。

二、地质统计学和波形分类反演技术

三叠系延长组是一套内陆河流—三角洲—湖泊相碎屑岩系，自上而下依次划分为长 1 段—长 10 段共 10 段。长 7 段沉积期是湖盆最大的扩张期，湖水深、水域广，形成了大面积半深湖—深湖区，沉积了一套以暗色泥岩、黑色页岩为主的厚度达 100m 以上的生油岩系，奠定了中生代陆相湖盆生油的基础。长 7 段整体以泥质岩类为主，砂地比普遍小于 20%，自下而上可细分为长 7_3 亚段、长 7_2 亚段和长 7_1 亚段，以半深湖—深湖亚相为主，以长 7_3 亚段张家滩页岩为代表的最大湖侵期之后，长 7_2 亚段沉积期和长 7_1 亚段沉积期随着湖盆的萎缩，因河流注入，受重力流沉积作用，建造了一套以砂质碎屑流为主的沉积砂体，是致密油富集的主要场所。广覆式分布的泥页岩与大面积粉—细砂岩紧密接触或互层共生，源储配置好，致密油近源高压充注，勘探潜力巨大。

长 7 段致密油富集的主控因素是砂体结构，根据砂泥岩的岩性、砂地比、连续的砂体厚度，可以把致密油分为四大类砂体结构，Ⅰ类厚层块状砂体和Ⅱ类厚砂薄泥是最有利的致密油砂体结构。在研究区选取四类典型井模型正演，分析储层段不同砂泥组合类型的地震反射特征，图 4-12 总结了四类砂体的地

典型井	地质模型	电阻	岩性	GR	"甜点"组合	典型剖面	波形	振幅	频率
L180井	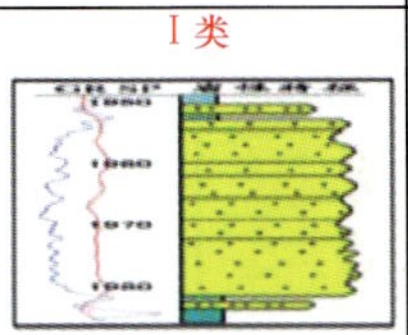 Ⅰ类				厚层块状箱状砂体（25m）（长7₂亚段砂厚27.6m）	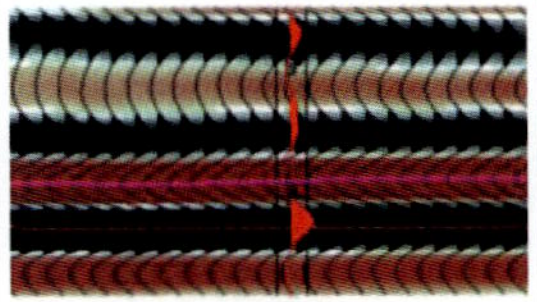	平行强反射	强振幅	中高频
L285井	Ⅱ₁类				厚砂夹泥钟状体（20～25m）（长7₂亚段砂厚15m）	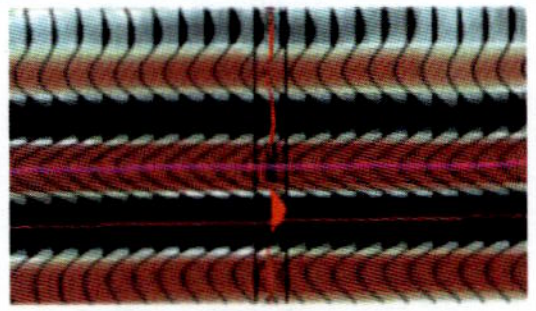	平行中强反射	中强振幅	中高频
C106井	Ⅱ₂类				砂泥互层齿状体（10～20m）（长7₂亚段砂厚15.4m）	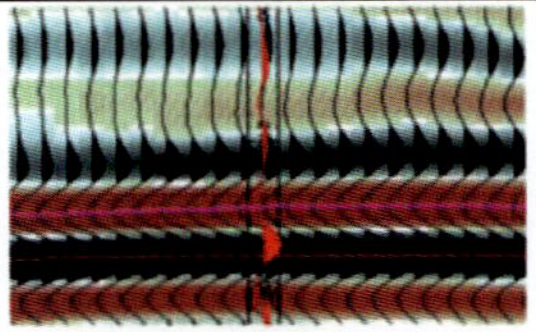	平行中强反射	中强振幅	中低频
X173井	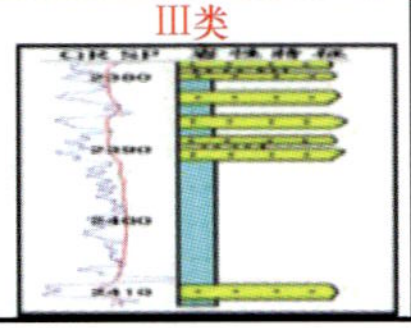 Ⅲ类				薄层指状砂体（＜10m）（长7₂亚段砂厚5m）		平行中弱反射	中弱振幅	低频

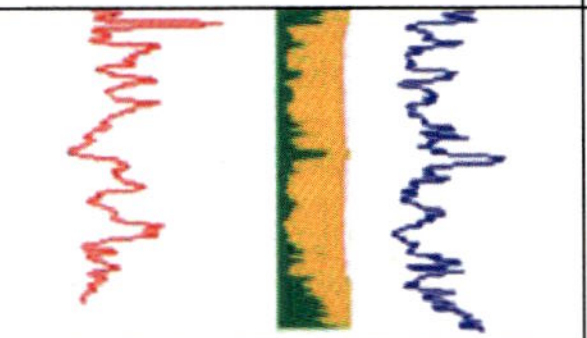

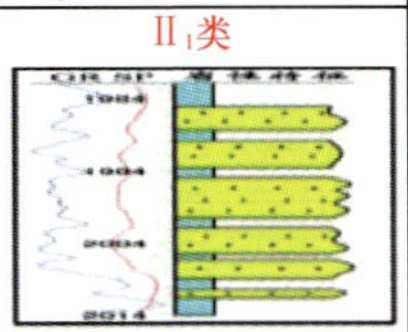

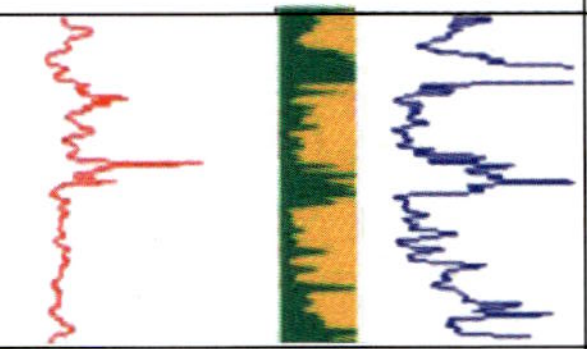

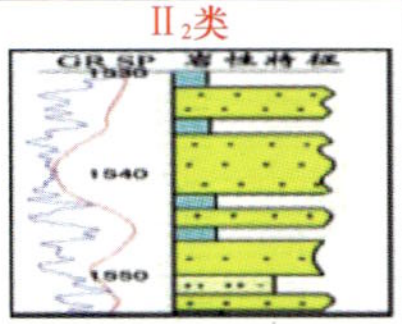

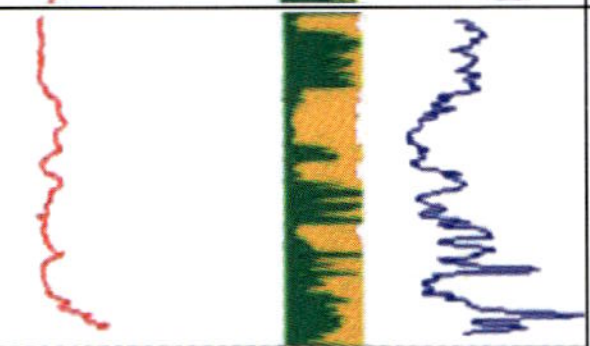

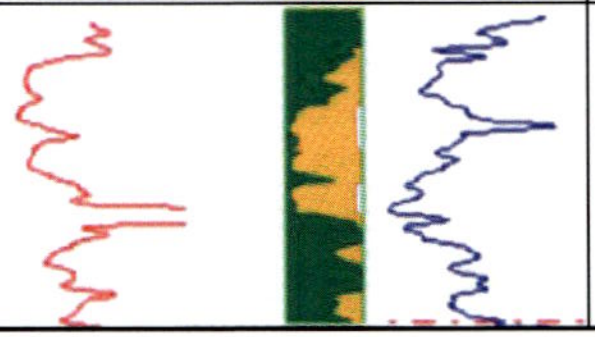

图 4-12 四类典型砂体结构的地震响应特征

震响应模式，Ⅰ类厚层块状砂体和Ⅱ类厚砂薄泥砂体结构的地震波形、振幅、频率分布与其他两类都有明显区别，依据地震波形变化反映薄砂体结构变化的特性，可以采用地质统计学反演、波形分类等解释技术预测砂体结构。

不同的砂体结构波形有很多种，它的特征集有 n 个，但是预测结果即砂体结构类型只有 1 个，因此需要引入降维的波形分类方法，本次研究采用 t 分布随机近邻嵌入（t-SNE）降维的卷积神经网络方法，该方法的优势在于既可以在低维空间保持高维空间的特征，也可以实现高维数据的聚类，所以可以把几种不同典型的波形特征进行降维聚类，把描述波形的 n 个特征值（包括波的几何形态、振幅、频率等）降维变换成 1 个特征值，数值越高表示越接近Ⅰ类和Ⅱ类，反之则表示越接近Ⅲ类和Ⅳ类（图 4-13）。

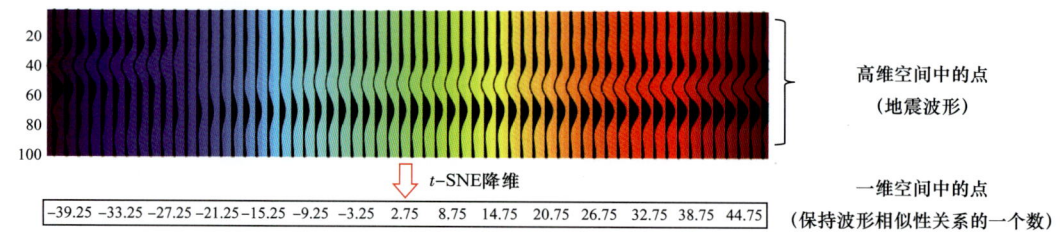

图 4-13　t-SNE 降维聚类原理

t-SNE 波形分类：将每一个波形降维成一个数值，数值越接近，波形越相似

地震资料反演技术就是充分利用测井、钻井、地质资料提供的丰富的构造、层位、岩性等信息，从常规的地震剖面推导出地下地层的波阻抗、密度、速度、孔隙度、渗透率、砂泥岩百分比、压力等信息。地震剖面的同相轴实质上代表的是反射系数，同相轴追踪着反射系数而不是砂岩地层，只有转换成波阻抗，才能真实地反映砂层的变化。研究区储层具有厚度薄、单砂体厚度小、砂体相变快等特点，常规约束稀疏脉冲反演受制于地震频带，很难精确地刻画薄储层。地质统计学反演结合了随机建模和地震反演的优势，充分利用了测井数据纵向采样密集、纵向分辨率高，以及三维地震数据横向覆盖面广、横向分辨率高的特点，可以获得高分辨率的反演结果。从图 4-14 所示连井剖面上可以看出反演的结果与实钻井的特征相吻合，L180 井的长 7_1 亚段和长 7_2 亚段砂体结构属于Ⅰ类，试油结果 10.3t/d，属于高产井；L80 井的长 7_1 亚段和长 7_2 亚段砂体结构属于Ⅱ类，试油结果 1.9t/d，属于低产井；Y24 井的长 7_1 亚段和长 7_2 亚段砂体结构属于Ⅲ类，未达到试油标准。图 4-15 为研究区长 7_2 亚

段砂体厚度平面图和砂体类型平面图，预测结果表明长 7_2 亚段砂体较为发育，砂体厚度普遍大于 10m，中部和东北部砂体厚度局部大于 20m，Ⅰ类厚亚段块状砂体结构主要分布在研究区东北部和中部。采用地质统计学和波形分类技术实现了对砂体结构的定量刻画，进一步提高了有利储集体的预测精度。

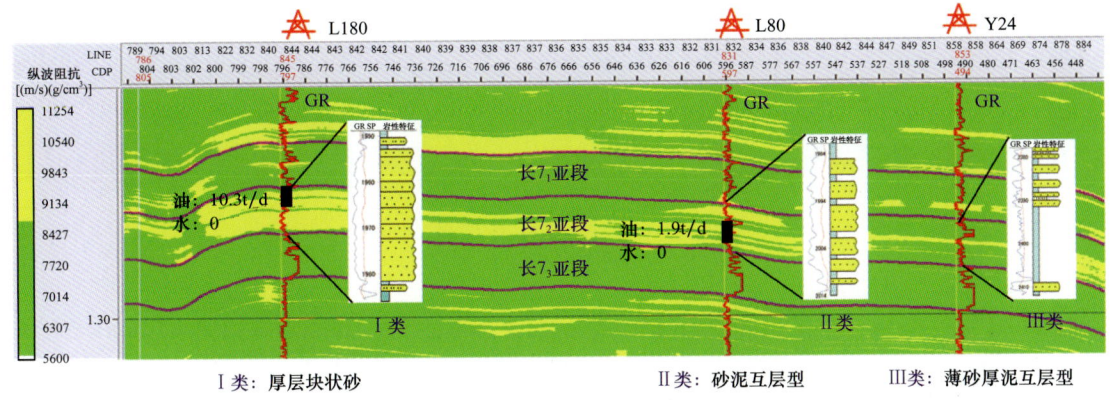

图 4-14　连井反演剖面预测砂体展布

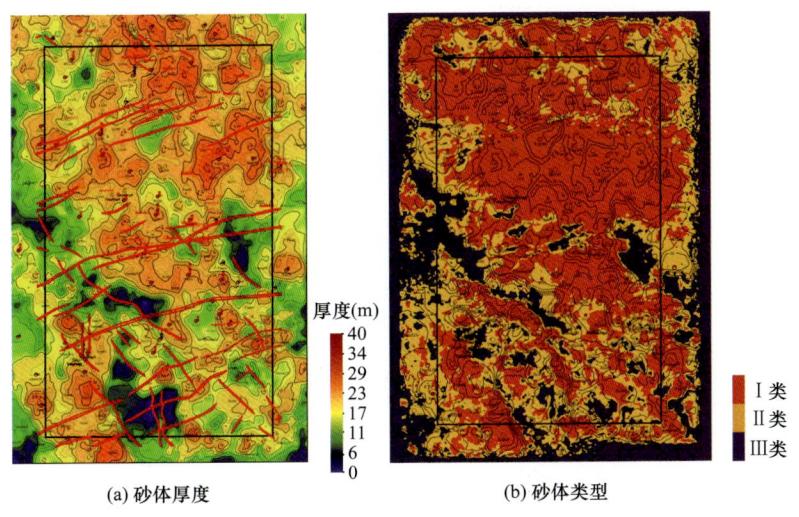

图 4-15　研究区长 7_2 亚段砂体厚度和砂体类型平面分布图

三、多属性融合预测含油性

提取地震属性，分析测井曲线特征，寻找孔隙度曲线与地震属性之间的相互关系，再利用神经网络算法最终预测出孔隙度体，图 4-16 为预测的连井孔隙度剖面，可以看出井旁道附近的预测结果与井曲线基本吻合。庆城北长 7_1 亚段、长 7_2 亚段大部分储层孔隙度为 6%～16%（图 4-17）。

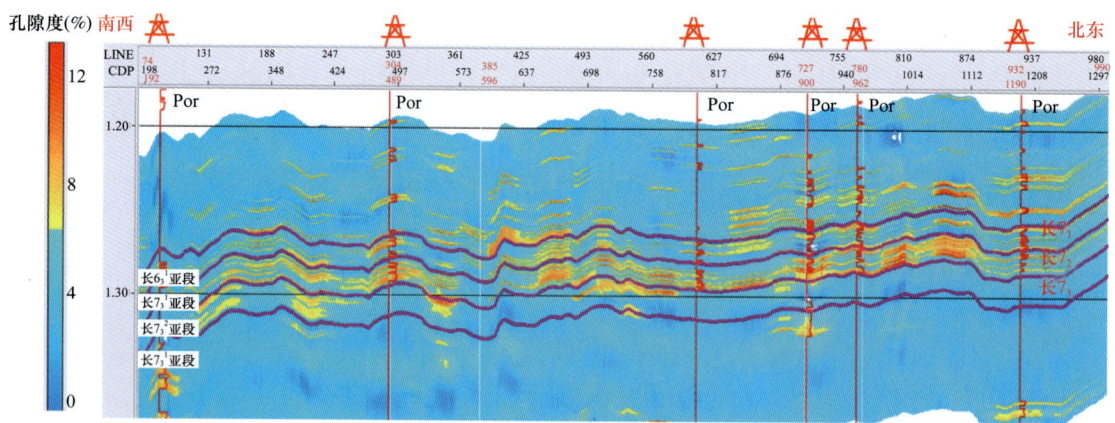

图 4-16 孔隙度连井反演剖面

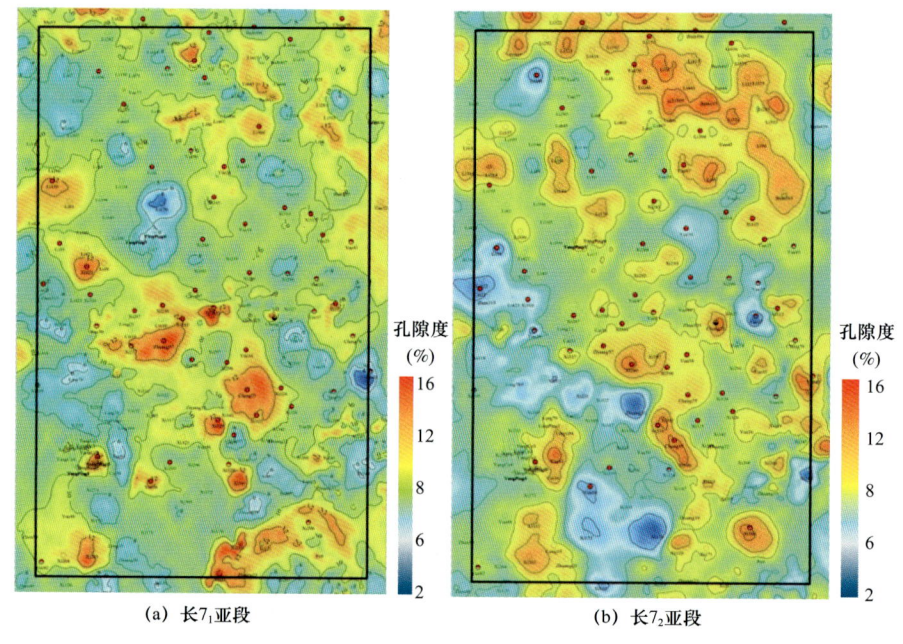

(a) 长7$_1$亚段　　　(b) 长7$_2$亚段

图 4-17 孔隙度预测图

利用含油储层"高频衰减、低频增强"特点，依据岩石物理分析高产井的特征，提出分频多属性融合反演技术预测砂体含油性，初步解决致密油储油能力评价难题，将反演结果与商业软件的结果进行对比，可以明显看到新技术反演的分辨率明显提高（图 4-18），从平面预测图上可以看出预测的"甜点"区与井的试油结果基本符合，高产油井分布与Ⅰ类砂体结构分布高度重合，工区的北部高产井多于南部（图 4-19）。

第四章 致密油"甜点"地震预测技术

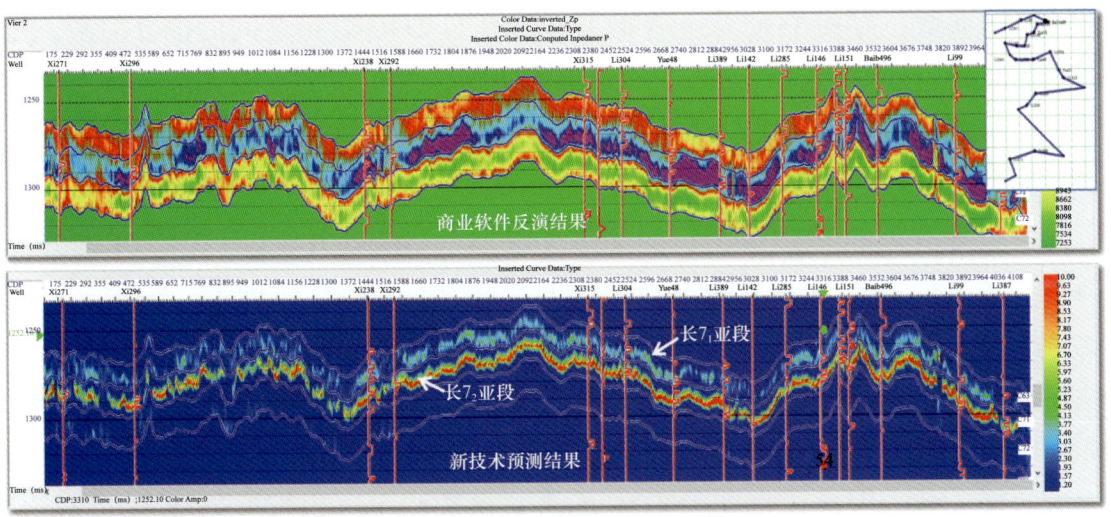

图 4-18 商业软件与新技术反演结果对比

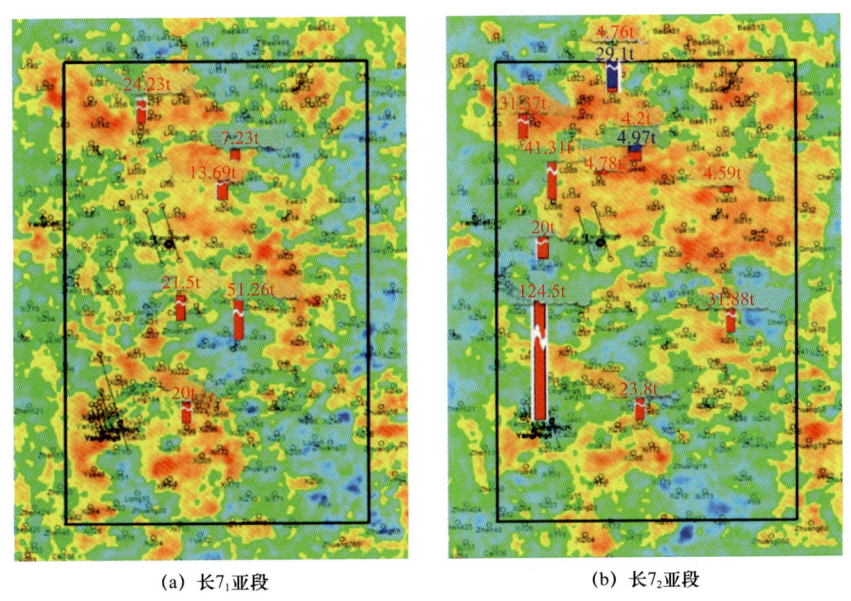

(a) 长7$_1$亚段　　　　　　(b) 长7$_2$亚段

图 4-19 含油性预测图

四、TOC 含量地震预测方法

页岩的 TOC 含量是评价页岩储层生烃能力的重要指标参数，有机碳的平均含量达到一定门限值时，才能获得有工业价值的页岩油。TOC 定量预测技术能够为页岩油勘探及资源量的计算提供有效且较精确的参数。其预测方法为：首先，基于测井解释的 TOC 含量，通过地震岩石物理分析与 TOC 相关的

-129-

地球物理参数，寻找 TOC 敏感参数并建立其与 TOC 含量之间的拟合关系，得到研究区经验公式；然后，基于三维地震数据，通过叠前反演方法求得敏感参数体；最后，根据得到的经验公式，将敏感参数体转化为 TOC 数据体，从而定量预测 TOC 含量的纵横向展布。

通过地震岩石物理分析，对工区 L144 井、B496 井、L81 井、Z130 井和西 248 井进行 TOC 敏感参数分析，图 4-20 给出了密度（DEN）、纵横波速度比（v_p/v_s）、纵波速度（v_p）、纵波阻抗等常规测井曲线以及泊松比（PR）等弹性参数与 TOC 含量的交会分析结果，可以看出 TOC 与密度曲线相关系数为 0.898，相关性较高，呈现负相关关系，即 TOC 含量越高，密度越低，与测井响应特征一致。因此，密度为 TOC 的敏感参数，可以用密度进行 TOC 预测。基于图 4-21 中 TOC 与密度的交会分析结果，由两者的拟合关系得到基于密度的 TOC 经验公式（计算模型）：

$$TOC = -24.4828 DEN + 65.3967 \quad (4-1)$$

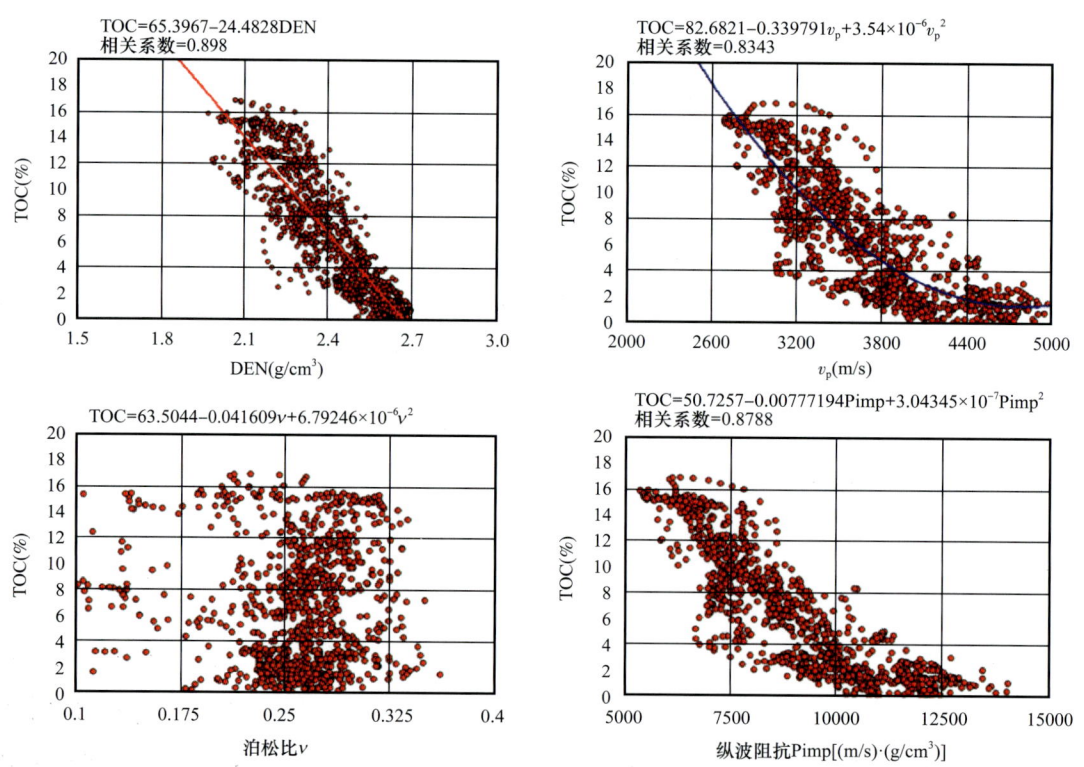

图 4-20　TOC 敏感参数统计分析图

通过 TOC 敏感参数分析结果，密度反演是进行 TOC 预测的基础。而对密度预测而言，既可以通过叠后多属性分析方法间接获得，也可以利用叠前反演方法直接获得。通过前期的应用对比分析可知，叠后多属性反演多解性较为突出，叠前密度反演在该研究区具有更高的预测精度，因此利用叠前反演进行密度预测。

基于式（4-1）所示的 TOC 与密度的关系，将叠前反演得到的密度体转换成 TOC 数据体。优质页岩密度较低，且密度随 TOC 含量升高而降低。通过叠前反演密度体得到 TOC 数据体，图 4-21 为长 7_3 亚段页岩厚度和 TOC 含量（体积分数）预测平面分布图。

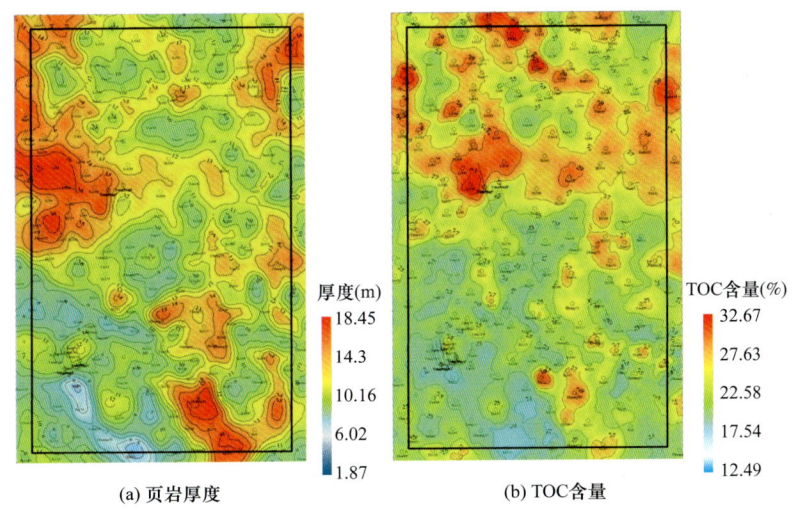

图 4-21 长 7_3 亚段页岩厚度和 TOC 含量预测分布图

五、基于弹性参数的脆性预测技术

脆性特征是储层是否易于改造的重要参数。目前，国内外学者研究页岩脆性参数的方法主要有以下 4 种：（1）在实验室对矿物含量进行实测；（2）用地球物理方法及测井资料求取弹性力学参数，其中杨氏模量和泊松比最常用来作为表征岩石脆性的参数；（3）在实验室进行岩石力学实验，通过应力—应变特征进行评价；（4）从常规压裂试验手段进行研究。根据国外 Barnett 页岩和 Woodford 页岩成功压裂开采效果可知，当脆性矿物含量高、脆性指数高（均大于 40%）时，有利于页岩油的压裂开采。室内评价方法虽然可以较为准确地计算岩石脆性，但是对于致密油探勘开发现场，一般需要对钻探地层开展岩石脆性评价，井下岩心十分有限且获取代价较高，因此岩石脆性室内评价方法的实际应用非常有限。基于此，国内外学者通过矿场测井或地震等方法可获取的参数提出了基于矿物组分法和弹性参数法两大类岩石脆性矿场预测方法。

矿物组分是影响岩石力学性质的重要因素，通过对岩心样品进行分析，在测得岩石矿物组分的基础上建立矿物组分三元图，定性分析作为页岩主要组分的石英、碳酸盐（脆性矿物）和黏土三种矿物的相对含量来对页岩脆性指数加以描述。弹性模量和泊松比作为岩石力学里非常重要的两个弹性参数，是岩石中物质组成、结构、孔隙、流体在一定温度压力环境下的综合响应，而通过测井、地震等手段可以获得地层岩石弹性信息，反映地层内部特征在原位环境作用下的综合响应。就物理意义而言，一般认为页岩的杨氏模量反映了其被压裂后保持裂缝形态的能力，而泊松比反映了其受压后碎裂的能力。页岩的杨氏模量值越高，则泊松比越低，页岩的脆性越强。Rickman 等（2008）引入统计学方法，回归得到适用于北美 Fort-Worth 盆地页岩储层的脆性指数 [式（4-2）]，并在南美油气田广泛使用。

$$BI = \frac{1}{2}(E_{BRIT} + \sigma_{BRIT}) \quad (4-2)$$

$$E_{BRIT} = \frac{E - E_{min}}{E_{max} - E_{min}} \quad (4-3)$$

$$\sigma_{BRIT} = \frac{\sigma - \sigma_{max}}{\sigma_{min} - \sigma_{max}} \quad (4-4)$$

式中，E 为静态杨氏模量；E_{min}、E_{max} 分别为静态杨氏模量的最小值和最大值；σ 为静态泊松比；σ_{max}、σ_{min} 分别为静态泊松比最大值和最小值；BI 为最终得出的脆性指数。

基于式（4-4）评价得出的脆性指数数值越高，相应的储层越趋于硬脆，实施压裂后形成的裂缝越复杂。页岩的脆性矿物含量与脆性正相关，但不同的岩性和温压条件下，相同的矿物成分，脆性也会不同；同样的岩性在高温条件下延展性增加，脆性会降低；工程中，脆性平面预测均通过地震来实现。脆性

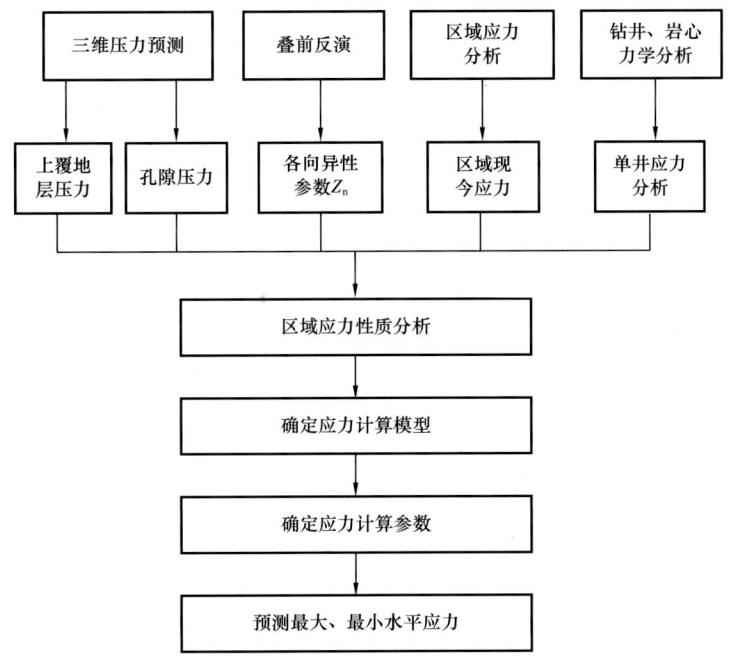

图 4-27 各向异性方法计算应力流程

首先在井点处，利用测井及钻井数据，利用密度测井曲线进行上覆地层压力计算。然后对不同的孔隙压力计算模型进行系数回归和优选。结合有效应力模式计算的正常压实趋势线计算的孔隙压力在样点处基本吻合，整体计算结果也符合地质规律，最终选用 Eaton 公式进行孔隙压力计算。

利用井点实测孔隙压力进行结果验证，图 4-28 为长 7_1 亚段的孔隙压力系数分布，计算结果和实测结果吻合。泥岩段对应孔隙压力梯度比砂岩孔隙压力梯度值高，为 0.8～0.95；页岩层内孔隙压力梯度值偏高，为 0.9～1.2；砂岩层内孔隙压力梯度为 0.75～0.85。

目标储层内孔隙压力差异较小，孔隙压力系数基本为 0.70～0.95。主要产油井的孔隙压力值整体偏低，低压有利于致密油成藏时的抽吸集聚。但是致密油运移到储层后，孔隙压力会有一定的回升，因此并不是孔隙压力越低指示致密油丰度越高。我们认为孔隙压力梯度值域为中间地带为致密油可能有利区。

利用叠前入射角道集进行同时反演获得弹性参数，结合方位角道集，计算各向异性参数 Z_n。反演的泊松比能较好地反映砂岩分布带，杨氏模量可以区分出页岩。各向异性强的区域主要集中在断层附近，这和断层附近易发育微裂

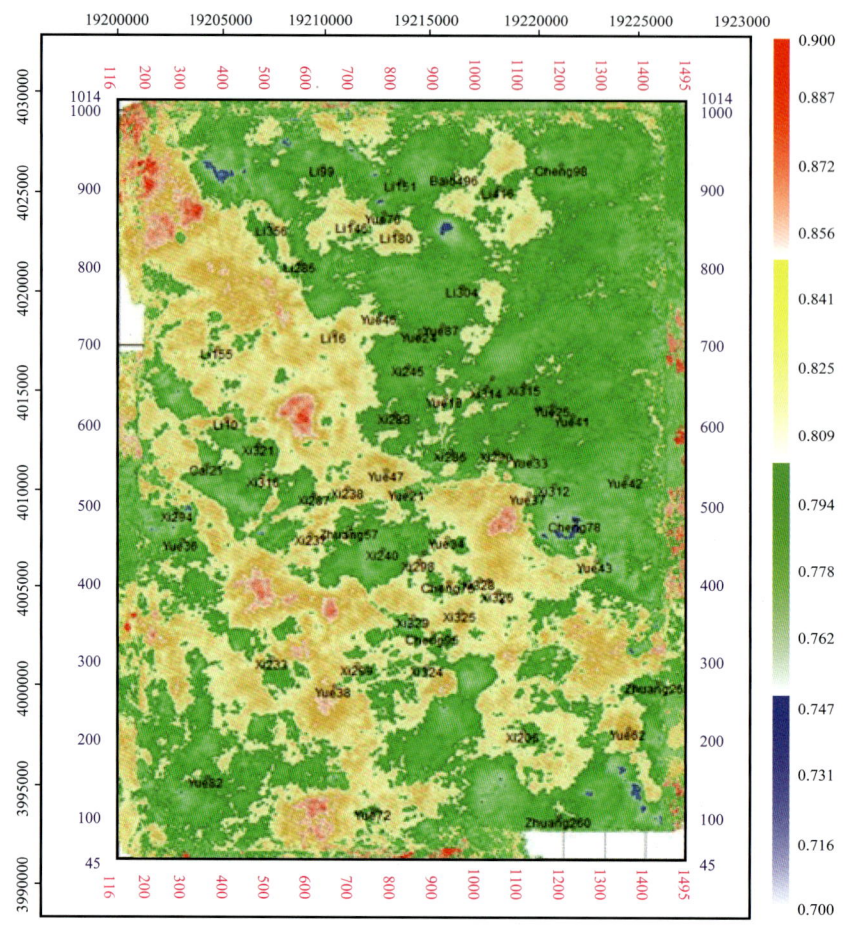

图 4-28　长 7_1 亚段孔隙压力系数分布图

缝、微断层有关。长 7_2 亚段的各向异性比长 7_1 亚段强,长 7_3 亚段由于页岩的各向异性强,其各向异性参数 Z_n 比长 7_1 亚段、长 7_2 亚段大。

根据收集到的三口井的水平主应力数据进行分析,此地区地应力情况为:上覆地层压力>最大水平主应力>最小水平主应力,与该地区断层为正断层相符合。工区所处盆地受到区域构造活动影响小,区域构造应力小,因此水平主应力值整体不高。对收集到的破裂压力进行统计分析,破裂压力在最小水平主应力附近,有少部分施工点破裂压力极低。

对各向异性参数 Z_n 体提取井曲线,利用井曲线进行各向异性方法水平主应力计算,计算结果和井点实测水平主应力吻合,说明方法可行。利用各向异性方法,计算 3D 水平主应力,可以看出在页岩段最小水平主应力值大,和页岩段孔隙压力相对更高及岩石泊松比高和杨氏模量高有关。页岩段应力差异系数值低。

最大水平主应力在断裂附近略有降低，而最小水平主应力在断裂附近降低明显。盆地整体受到近东西向的弱挤压，地层最大水平主应力为近东西向的主压应力，与断层走向基本一致，因此最大水平主应力受断层影响略小，而最小水平主应力在断层及裂缝附近明显低于非断裂发育区。

由于最小水平主应力在断层附近降低显著，因此应力差异系数在断层附近相对更高。地层压裂时，断层附近地层易压裂。

长7段最大主应力方向为近东西向，Y45井FMI成像观测到的诱导缝走向为北北东向，与最大水平主应力方向一致（图4-29）。区域内构造相对平坦，没有大的构造活动带，工区内应力方向基本一致，只在断层和构造起伏带略有变化（图4-30）。压裂建议：在最小水平应力值低的区域，压裂更容易，且压裂容易产生高角度压裂缝，但是如果应力差异系数过高，压裂缝的走向将比较单一。盆地整体受喜马拉雅运动影响，地层最大水平主应力为近东西向的主压应力，与断层走向基本一致。水平应力差异系数相对小的区域，压裂施工时，易形成网状缝（图4-31）。

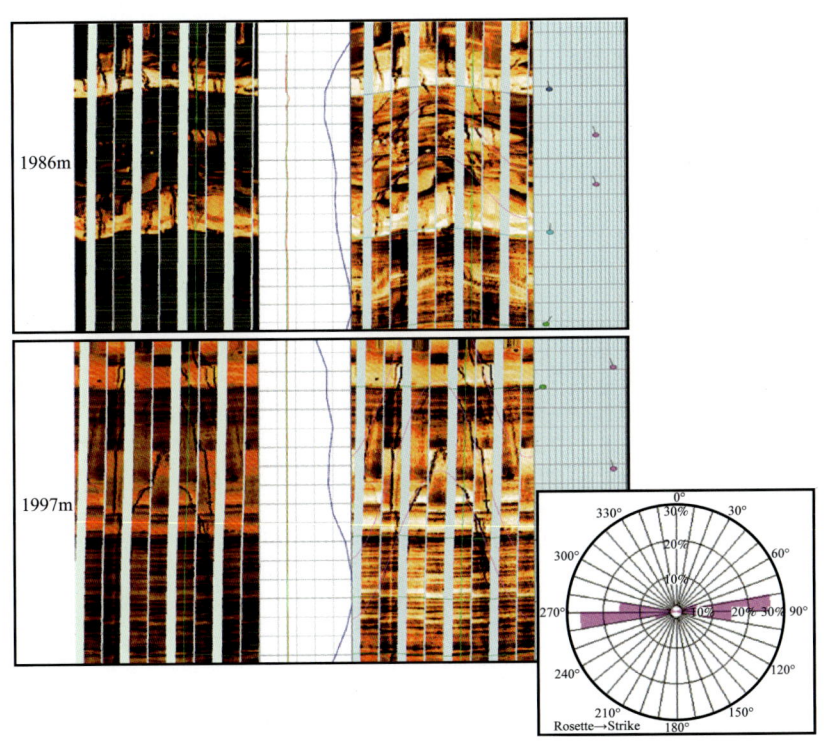

图4-29　长7段最大主应力方向与诱导缝的走向一致（近东西向）

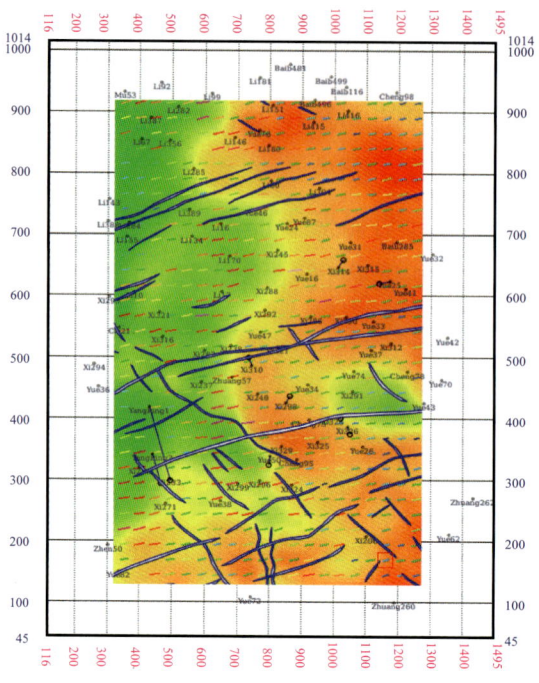

图 4-30　最大水平主应力方向与长 7_3 亚段构造叠合图

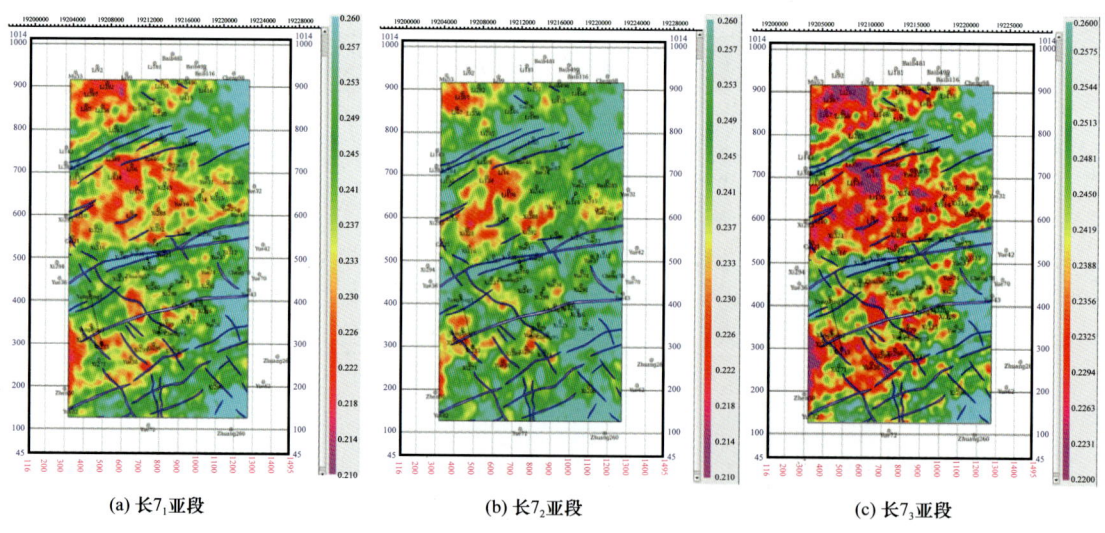

(a) 长 7_1 亚段　　　　　(b) 长 7_2 亚段　　　　　(c) 长 7_3 亚段

图 4-31　长 7_1 亚段、长 7_2 亚段和长 7_3 亚段应力差异系数

质、单井产量、产能分布等因素。具体步骤如下：（1）在致密油岩心联测基础上，利用 Geolog 等软件对测井资料精细处理，得到岩石矿物成分、物性、含油性、脆性等储层参数，并结合岩心分析测试结果，获取致密油测井处理解释成果；（2）根据致密油分类评价指标，确定单井纵向上油层有效厚度；（3）在多井测井处理解释基础上，确定岩石矿物成分、油层有效厚度、原油密度、单井稳定日产油量平面分布；（4）在油层顶界构造图上叠合白云石、方沸石、泥质含量、油层有效厚度、原油密度、产能平面分布；（5）根据致密油分类评价指标，综合圈定致密油平面"甜点"分布。层层筛选、逐步判别的方法在致密油"甜点"区评价过程中虽然过程相对复杂，但指标易获取，评价结果相对"甜点"控藏率评价技术要更准确一些。

（四）多参数等值线叠合图评价方法

该评价技术在致密油"甜点"区评价与优选过程中应用相对较多，方法也相对较成熟。张道伟等（2019）利用该技术对柴达木盆地英西地区下干柴沟组上段的致密油资源的"甜点"区进行评价过程中，主要利用 TOC 含量、灰云岩含量、储层孔隙度和脆性矿物含量 4 大类参数的平面等值线图进行叠加分析，并将各参数的有利区进行叠合，最后综合优选致密油分布的"甜点"区域，该方法综合考虑了烃源岩品质、储层品质和工程品质（脆性品质），使用参数相对较少，操作相对简单。

综上，国内外的致密油"甜点"区评价方法既有相似之处，也有明显不同。相似之处表现为在评价致密油"甜点"区时，各类方法均考虑到了地质因素。而不同之处在于国内盆地的致密油"甜点"区评价时，不仅考虑了地质因素，还加入了工程指标，有的还加入了效益指标，因此考虑因素相对更全面。此外，由于各盆地的基础地质条件不同，致密油分布的控制因素也具有很大差异，因此在进行致密油"甜点"区评价时所采用的方法也是不同的，当然，评价指标的选取也要依具体地质条件而定。

第二节　致密油"甜点"区评价优选方法

前已述及，由不同陆相盆地形成致密油的基础地质条件不同，致密油"甜点"分布的控制因素差异明显，加之勘探程度的高低直接影响致密油"甜点"

区评价所需的地质、工程等资料占有程度。因此，在评价致密油"甜点"区时，根据不同的地质条件和资料丰富程度，选择合适的致密油"甜点"区评价方法尤为重要。

一、源储图版评价法

致密油运移动力主要来自生烃增压，并且运移距离较短，这就决定了致密油"甜点"形成的两个基本条件是烃源岩优质高效规模分布和紧邻的致密储层物性相对较好。要形成有利的勘探"甜点"区，需要优质烃源岩与物性较好的储层在空间上相互叠置形成最佳匹配关系；低品质烃源岩与物性较好的储层叠置，或好品质烃源岩与物性较差的储层叠置，都不能形成优质"甜点"区。因此，源储图版评价法是通过源储品质配置关系，利用实验数据建立"甜点"评价指标，选取优质烃源岩与物性较好的储层分布区域，从而落实"甜点"区。

源储图版评价法的评价流程可分为四步：

第一步是确定研究区内烃源岩的总有机碳含量、镜质组反射率与单位长度增压量的关系曲线。

具体步骤为：首先，获取研究区内多个烃源岩岩心样品的生烃模拟实验数据，其中，生烃模拟实验数据包括岩心样品长度、TOC含量、实验温度和生烃增压系列等。烃源岩样品可以是同一个"甜点"区内同一个层位采集的。然后，根据生烃模拟实验数据拟合得到TOC含量、R_o与单位长度增压量的关系曲线。

单位长度增压量公式为

$$\Delta P_{ui} = \Delta P_i / H_i \tag{5-1}$$

式中，i 为样品编号；ΔP 为生烃增压量；H 为样品长度；ΔP_u 为单位长度增压量；

然后拟合拟合 $TOC \times R_o$ 参数与单位长度增压量可得到如下关系曲线：

$$\Delta P_u = a \times TOC \times R_o^b \tag{5-2}$$

式中，ΔP_u 为烃源岩岩心样品的单位长度增压量；TOC 为烃源岩岩心样品的总有机碳含量；R_o 为烃源岩岩心样品的镜质组反射率；a、b 均为常数。

以吉木萨尔凹陷芦草沟组为例，获得生烃模拟实验数据见表5-1。则可以

拟合得到参数与单位长度增压关系曲线为

$$\Delta P_{\mathrm{u}} = 1.5904 \times \mathrm{TOC} \times R_{\mathrm{o}}^{0.9052} \tag{5-3}$$

表 5-1 生烃模拟实验数据表

样品编号	样品长度（cm）	TOC（%）	实验温度（℃）	温度模拟 R_{o}（%）	生烃增压（MPa）	单位长度增压（MPa/cm）
1	5.22	4.72	350	1	13.6	2.61
2	4.85	4.72	400	1.7	27.1	5.59
3	3.38	4.72	450	2.5	28.3	8.37
4	5.22	2.27	350	1	12.5	2.40
5	4.85	2.27	400	1.7	18.3	3.77
6	3.38	2.27	450	2.5	21.2	6.27
7	5.22	4.5	350	1	9.5	1.82
8	4.85	4.5	400	1.7	17.8	3.67
9	3.38	4.5	450	2.5	20.3	6.01
10	5.22	1.9	350	1	7.7	1.48
11	4.85	1.9	400	1.7	12.3	2.54
12	3.38	1.9	450	2.5	13.2	3.90

第二步是确定所述研究区内同一储层段不同孔隙度的各个岩心样品的毛细管压力值，并根据所述关系曲线和所述各个岩心样品的毛细管压力值确定烃源岩参数值，其中烃源岩参数值为 TOC 含量与 R_{o} 的乘积。

具体步骤为：在确定各岩心样品的毛细管压力值后，将其代入式（5-2）所示的关系曲线中，就可以相应地得到 $\mathrm{TOC} \times R_{\mathrm{o}}$ 这个烃源岩参数值。

以吉木萨尔凹陷芦草沟组为例，同一储层段不同孔隙度的各岩心样品换算的烃源岩参数值见表 5-2。

第三步是确定所述各个岩心样品的孔隙度值和含油饱和度值，并根据所述各个岩心样品的孔隙度值、含油饱和度值和烃源岩参数值构建源储配置图版。

表 5-2 换算的烃源岩参数表

样品编号	孔隙度（%）	换算 $TOC \cdot R_o$（%·%）			
		S_o=20%	S_o=40%	S_o=60%	S_o=80%
1	17	0.05	0.08	0.11	0.26
2	14.65	0.21	0.38	0.61	1.28
3	10.75	1.19	1.9	2.21	3.69
4	6.3	2.57	3.45	4.63	8.35
5	3.55	3.24	4.63	6.73	13.83

具体步骤为：首先，将各个岩心样品的孔隙度值、含油饱和度值和烃源岩参数值对应的数据点绘制于直角坐标系中，直角坐标系中横坐标为孔隙度，纵坐标为烃源岩参数。其次，确定直角坐标系中，其含油饱和度值达到第一预设值的所有数据点以及其含油饱和度值达到第二预设值的所有数据点。然后，将含油饱和度值达到第一预设值的所有数据点连接成第一曲线，并将含油饱和度值达到第二预设值的所有数据点连接成第二曲线。通常情况下，储层的含油饱和度越高越好。经研究发现，致密储层的含油饱和度一般在40%～80%。因此，第一预设值可以设定为80%，第二预设值可以设定为40%的含油饱和度下限。最后，根据第一曲线、第二曲线预设及预设的特定孔隙度值曲线，将直角坐标系中的指定区域划分为多个评价区，从而形成源储配置图版，指定区域由预设的孔隙度下限曲线及烃源岩参数下限曲线围成。

以吉木萨尔凹陷芦草沟组为例，参考研究区烃源岩有机质丰度、成熟度，储层孔隙度和含油饱和度评价指标，可建立评价指标：Ⅰ类"甜点"含油饱和度大于80%，孔隙度大于8%；Ⅱ类"甜点"含油饱和度介于40%～80%，孔隙度大于8%；Ⅲ类"甜点"含油饱和度介于40%～80%，孔隙度介于6%～8%；非"甜点"含油饱和度低于40%，孔隙度低于6%。由此，根据第一曲线、第二曲线预设以及预设的特定孔隙度值曲线（例如孔隙度值为8%），将直角坐标系中的指定区域划分为多个评价区（图5-1）。

第四步是根据所述源储配置图版对所述研究区进行致密油"甜点"区评价。

具体步骤为：首先，获取所述研究区内一个未评价"甜点"区内指定数量烃源岩的烃源岩参数和孔隙度平面图，并将对应的数据点绘制于所述源储配置图版上；其次根据落入所述源储配置图版上各个评价区的数据点情况，可以确定所述"甜点"区的评价结果；然后对所述研究区内下一个未评价"甜点"区进行评价，依次递推，直至完成所述研究区内各个"甜点"区的评价。

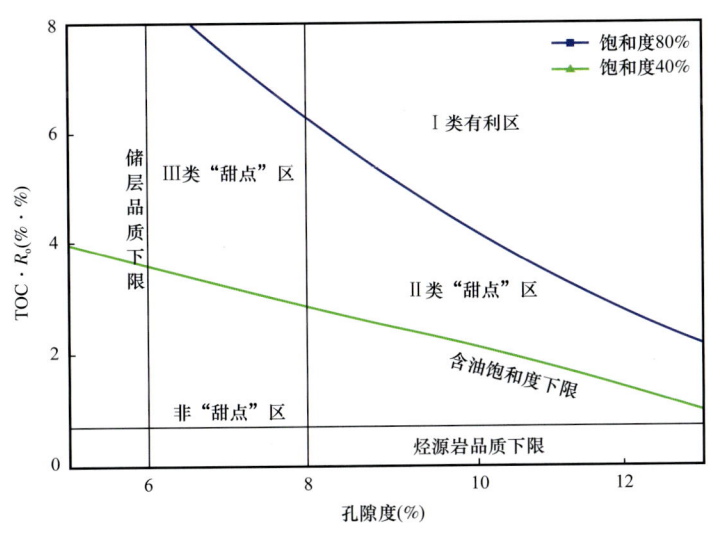

图 5-1　构建源储配置图版示意图

该评价方法适用于致密油勘探早期阶段或者烃源岩和储层分析数据较为丰富的致密油区。

二、多参数地质综合评判法

致密油勘探开发区通常选择"甜点"发育区，但"甜点"区通常面积较大，产量主控因素较多，如何综合多参数定量综合优选致密油"甜点"是关键问题。多参数地质综合评判法将分级评价和权重参数结合，实现致密油"甜点"定量评价。

多参数地质综合评判法的评价流程可分为三步：

第一步：确定研究区内致密油层储层段孔隙度、厚度、脆性指数与烃源岩段总有机碳含量和厚度参数分级评价系数。

以吉木萨尔凹陷芦草沟组为例，参考研究区致密油层储层段孔隙度、厚度、脆性指数与烃源岩段总有机碳含量和厚度参数评价指标，每项参数选取三个预设值，将所述参数划分为四级，大于第一预设值 C_1 为 Ⅰ 级，取系数为 1；第一预设值 C_1 至第二预设值 C_2 为 Ⅱ 级，取系数为 0.6；第二预设值 C_2 至第

三预设值 C_3 为Ⅲ级，取系数为 0.3；小于第三预设值 C_3 为Ⅳ级，取系数为 0。致密油层储层段孔隙度、厚度、脆性指数与烃源岩段总有机碳含量和厚度参数分级评价系数见表 5-3。

表 5-3　储层和烃源岩分级评价系数表

等级	Ⅰ级	Ⅱ级	Ⅲ级	Ⅳ级
系数	1	0.6	0.3	0
孔隙度（%）	>12	8~12	5~8	<5
储层厚度（m）	>10	5~10	2~5	<2
储层脆性指数（%）	>60	40~60	30~40	<30
烃源岩总有机碳含量（%）	>3.5	2.0~3.5	1.45~2.0	<1.45
烃源岩厚度（m）	>8	5~8	2~5	<2

具体步骤为：首先，获取所述研究区内致密油井的产量 Q，以及所述井位处储层段孔隙度、厚度、脆性指数与烃源岩段总有机碳含量和厚度参数 P_i。计算所述每项参数与产量的皮尔逊相关系数 ρ_{Q,P_i}。然后，进行归一化得到每项参数的权重 W_{P_i}。

所述归一化方法为：

$$W_{P_i} = \frac{\rho_{Q,P_i}}{\sum_{i=1}^{n} \rho_{Q,P_i}} \times 100\%$$

以吉木萨尔凹陷芦草沟组为例，致密油层储层段孔隙度、厚度、脆性指数、烃源岩段总有机碳含量和厚度参数权重表见表 5-4。

表 5-4　储层和烃源岩参数权重表

参数	皮尔逊相关系数	权重（%）
孔隙度（%）	0.648	31.92
储层厚度（m）	0.312	15.37
储层脆性指数（%）	0.519	25.57
烃源岩总有机碳含量（%）	0.387	19.06
烃源岩厚度（m）	0.164	8.08

表 6-1 大安寨段致密油层测井综合评价指标表

"甜点"类别	RQI	SQI	VOIL
高产油层	≥9	≥20	≥9
低产油层	3~9	10~20	5~9
干层	<3	<10	<5

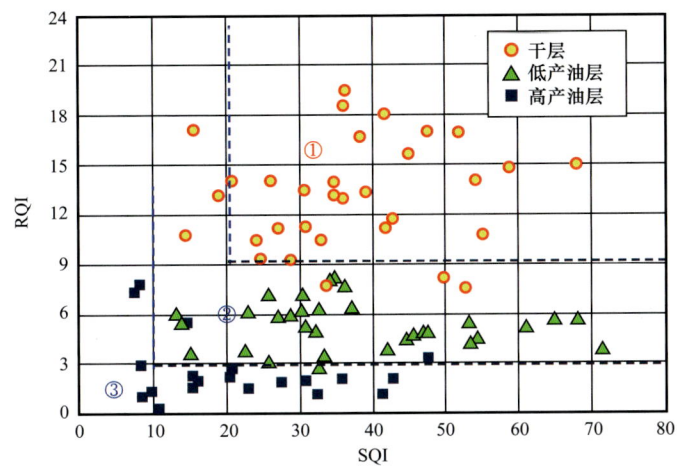

图 6-5 川中地区大安寨段致密油测井识别图版（据西南油气田勘探开发研究院）

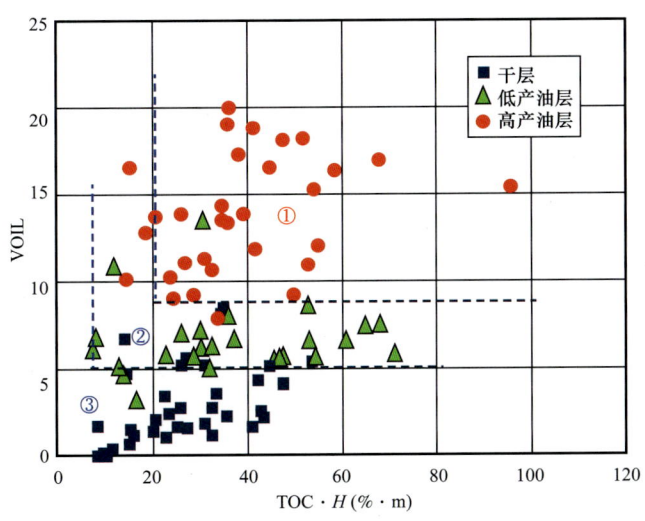

图 6-6 川中地区大安寨段致密油"甜点"评价图版（据西南油气田勘探开发研究院）

根据上述致密油"甜点"类别识别方法，优选了川中地区大安寨段勘探程度较低的致密油层相对富聚区域（图 6-7），即仁合地区、磨溪地区、蓬莱地

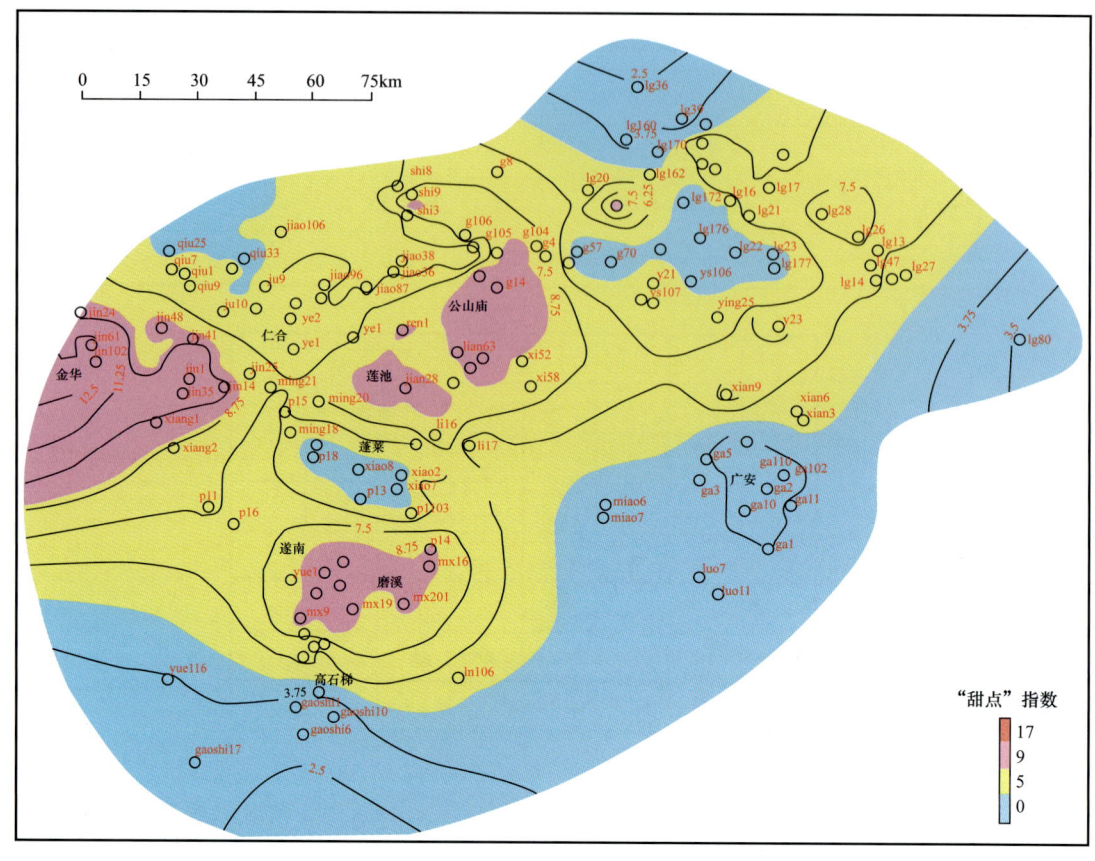

图 6-7 川中大安寨新井分布图（据西南油气田勘探开发研究院）

区和 LG9 井区。2013 年成功部署的 GQ1H 井即位于预测的高产油区，测井评价为"甜点"一类区，对该井 1000m 水平段进行压裂试油（图 6-8），获日产油 63.5t，气 5849m³，为高产工业油流，"甜点"测井评价技术有效地指导了四川盆地大安寨段致密油的勘探部署。

第二节 致密油"甜点"地震预测技术应用

一、混积岩型致密油预测技术应用

混积岩型致密油预测技术系列在准噶尔盆地吉木萨尔凹陷地区开展应用，先后完成了 30 多口测井资料的处理解释、223km² 地震资料处理解释。通过制作工业图件逾 100 幅，为 J251_H、J36_H、J37 等井获得高产工业油流提供了可靠的数据支撑，2017 年预测的 Ⅰ 类"甜点"区的 J0023H 井、J0025H 井试

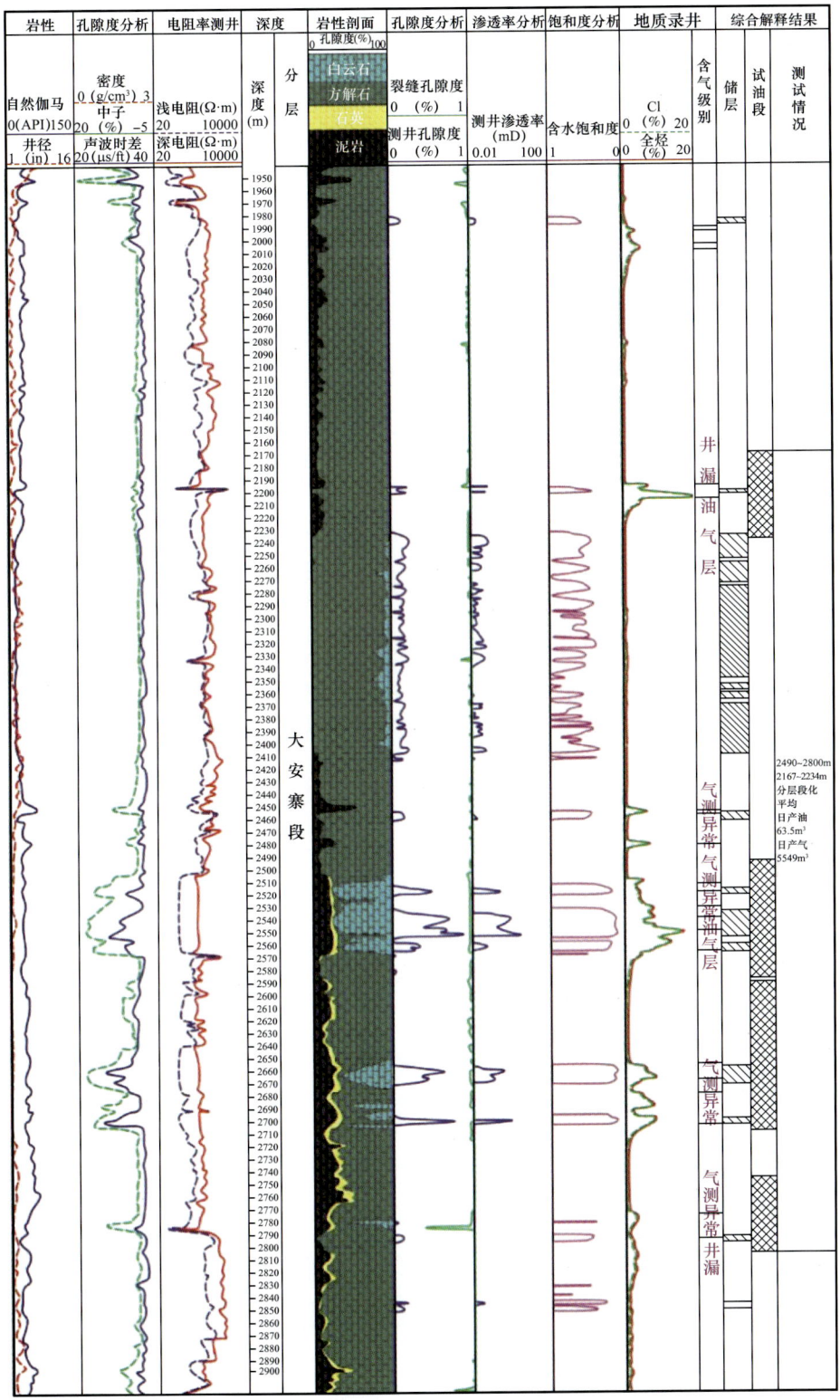

图 6-8 GQ1H 井水平井测井评价成果图(据西南油气田勘探开发研究院)

油获高产，吻合度较高。致密油"甜点"地球物理综合预测技术和"甜点"预测结果对准噶尔盆地吉木萨尔凹陷致密油勘探开发试验有利区的优选和致密油资源下一步有效动用具有重要的指导意义，为吉木萨尔凹陷 10×10^8 t 级致密油的发现和有效动用提供了有力的技术支撑（图 6-9）。

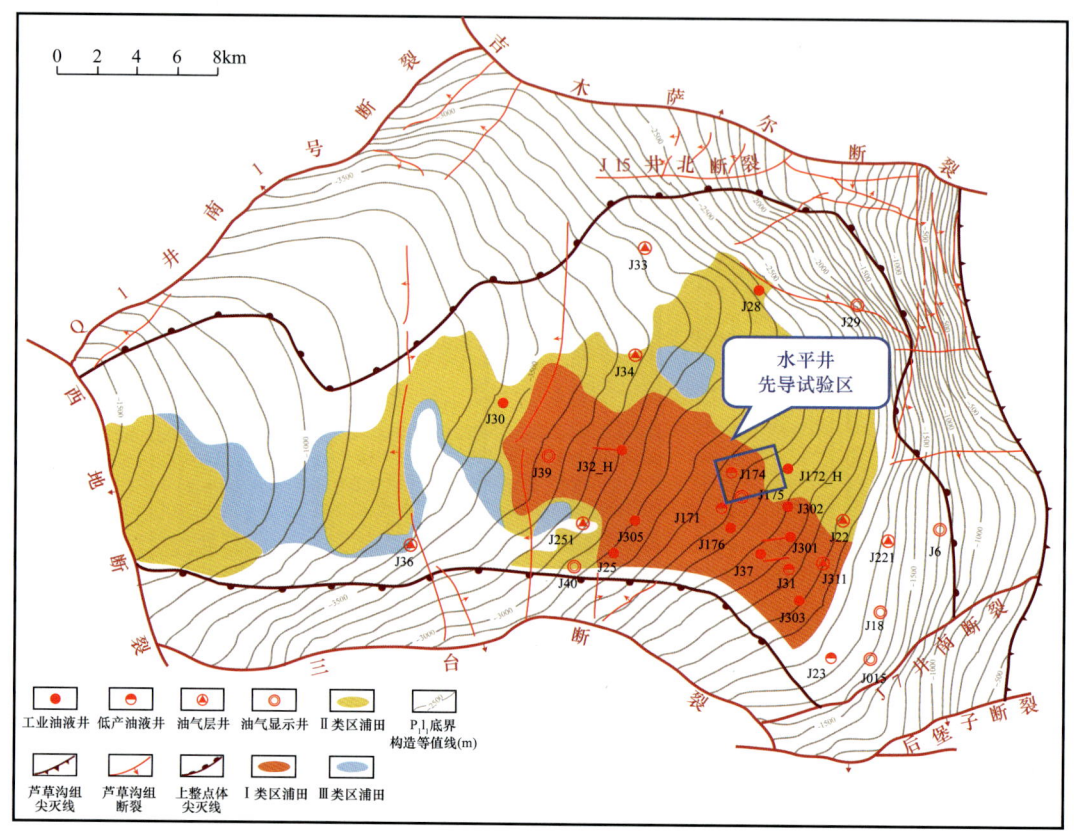

图 6-9　吉木萨尔凹陷芦草沟组上"甜点"体分类评价图

二、碎屑岩型致密油预测技术应用

（一）致密油"甜点"区智能优选

采用随机森林算法对鄂尔多斯盆地长 7 段庆城工区进行"甜点"预测，将 TOC 预测结果、砂体厚度和结构预测结果、孔隙度预测结果、含油性预测结果、脆性预测结果、裂缝预测结果、孔隙压力预测的结果作为输入，采用随机森林模型，最后得出"甜点"的综合评价图，针对长 7_1 亚段提出"甜点"区 8 个，长 7_2 亚段"甜点"区 3 个，长 7_3 亚段"甜点"区 2 个（图 6-10）。

第六章 致密油"甜点"评价关键技术应用

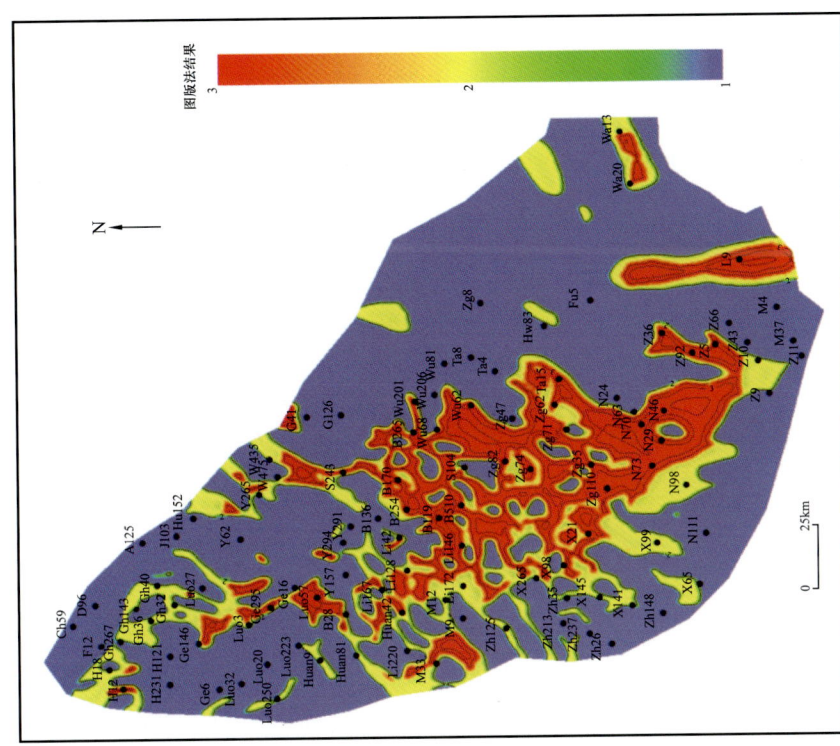

图 6-16 鄂尔多斯盆地长 7_1 亚段"甜点"区分布图

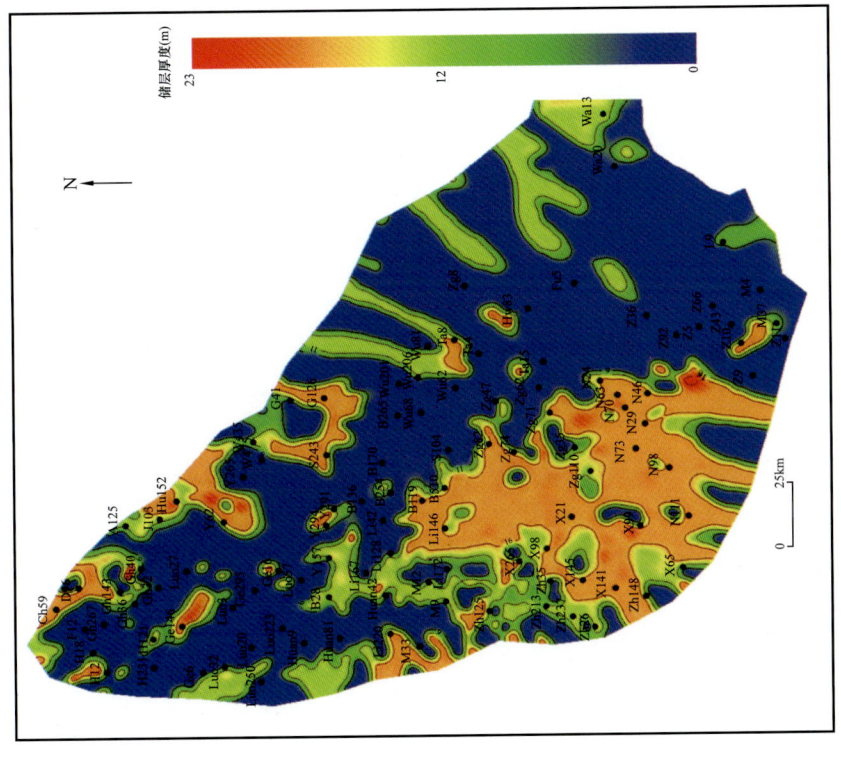

图 6-15 鄂尔多斯盆地长 7_2 亚段储层厚度图

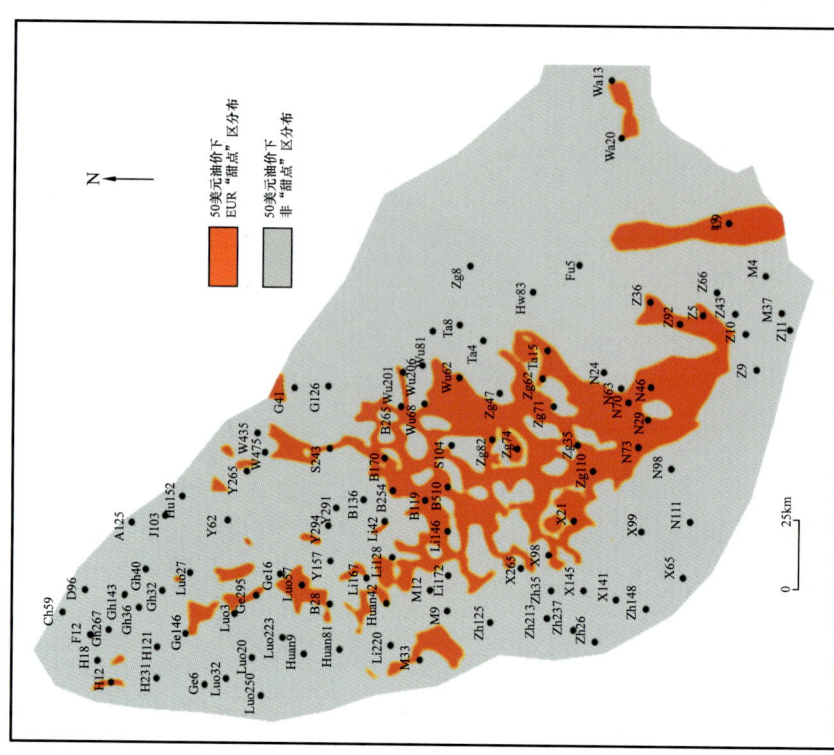

图 6-18 鄂尔多斯盆地长 7_1 亚段 EUR "甜点" 区分布图

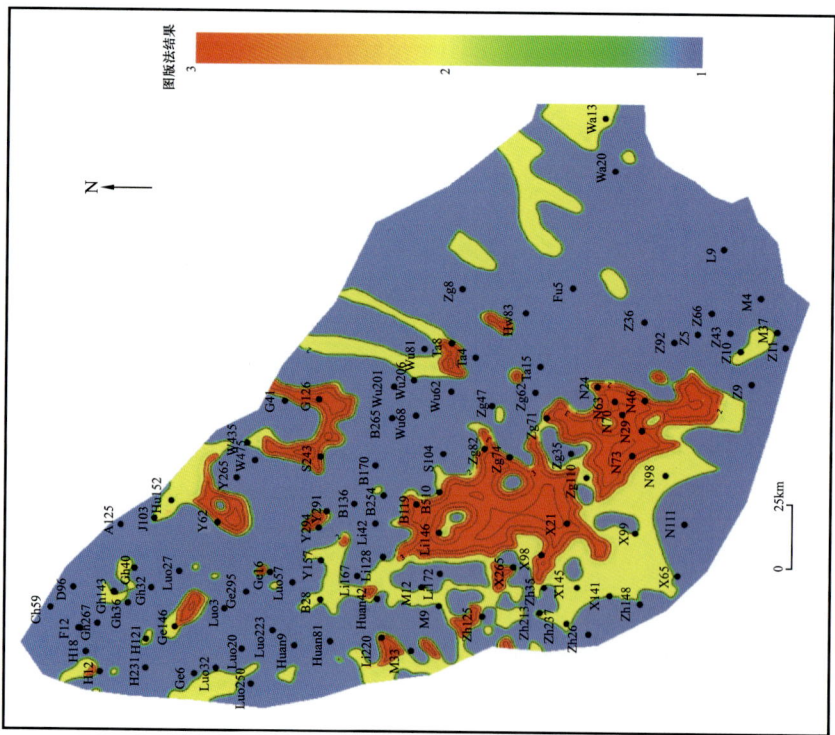

图 6-17 鄂尔多斯盆地长 7_2 亚段 "甜点" 区分布图

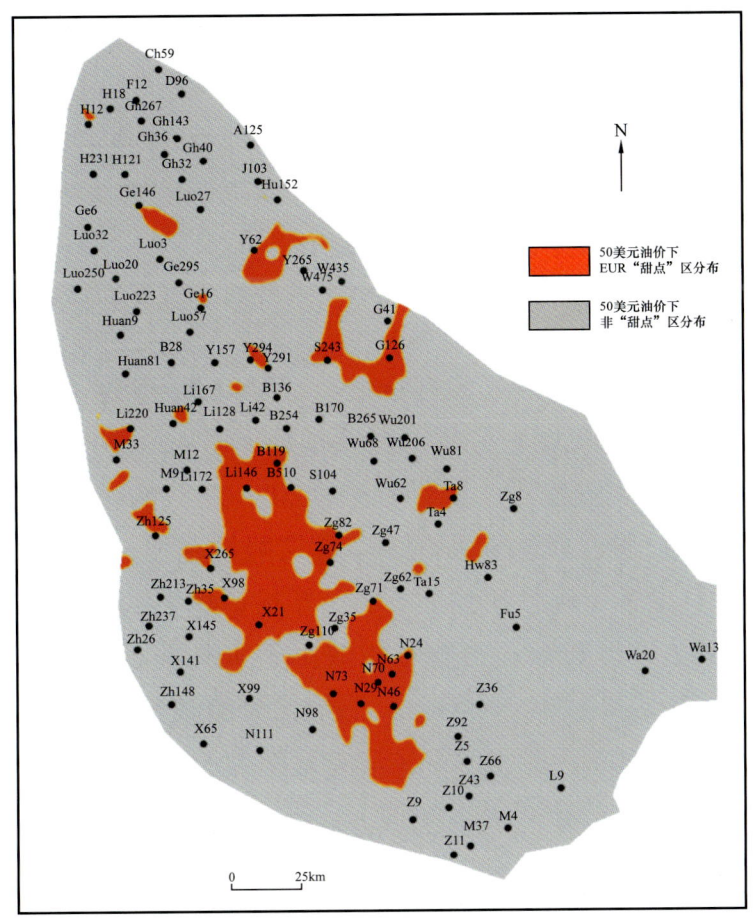

图 6-19 鄂尔多斯盆地长 7_2 亚段 EUR "甜点" 区分布图

（二）储层特征

岩心资料分析表明，泉四段扶余油层致密储层岩性以灰、灰褐色粉砂岩、细砂岩为主。岩石颗粒粒径一般介于 0.01～0.33mm，分选中等—好，磨圆呈次棱角状。颗粒之间接触关系以点状及点—线状接触为主。岩石碎屑成分主要由石英、长石、岩屑组成，石英含量为 24%～44%，长石含量为 19%～40%，岩屑含量为 27%～40%。岩性主要为岩屑长石砂岩或长石岩屑砂岩。岩石成岩作用较强，石英、长石均见不同程度次生加大，个别加大边较宽，构成再生胶结。长石见泥化、绢云母化。岩屑以酸性喷出岩为主。碎屑堆积较紧密，粒间主要由泥质、灰质充填。胶结物以钙质、泥质为主，少量硅质，钙质胶结物含量一般为 2%～18%，泥质胶结物含量一般为 2%～15%。胶结类型以孔隙式、孔隙式—接触式、接触式—再生式胶结为主。岩石孔隙类型以缩小粒间孔为主，另见部分颗粒内溶孔、溶蚀扩大孔。储层孔隙度介于2.0%~13.3%，中值为8.1%；渗透率分布为0.01~14.54mD，中值为0.1mD；碳酸盐含量为0.5%~35.4%，中值为2.4%；泥质含量为0.86%~16.92%，中值为6.33%。含油显示以油浸、油斑、荧光为主，含油岩性主要为细砂岩、粉砂岩，且物性控制储层的含油性（唐振兴等，2019）。

（三）工程品质特征

泉四段扶余油层致密油砂岩脆性指数平均为40%~55%，泥岩的脆性指数在30%左右。从工程施工资料分析，脆性指数小于40%的储层多表现为压不开或开缝差，加砂、加液量小；脆性指数在50%左右的储层，压裂效果最好（唐振兴等，2019）。脆性矿物含量越多，储层脆性越强；塑性矿物含量越多，储层脆性越弱。扶余油层脆性矿物为石英，塑性矿物为黏土，当脆性指数大于40%时，石英含量大于28%；当脆性指数小于40%时，黏土含量大于30%。储层杨氏模量分布范围为38~44GPa，泊松比分布范围为0.26~0.3，脆性指数分布范围为30%~60%，最小水平主应力范围为50~58MPa，最大水平主应力范围为56~64MPa（唐振兴等，2019）。

（四）致密油"甜点"主控因素

泉四段扶余油层的致密油分布主要受烃源岩分布、构造及沉积微相的控制。致密油"甜点"区的发育及分布范围总体受成熟烃源岩、构造高部位、断裂带以及河道砂体的控制。详细来讲，成熟烃源岩控制了致密油的分布范围，构造高部位是油气运聚指向区，断裂带的发育控制油气富集程度，河道砂体控制致密油"甜点"区的分布。总体而言，随着地层埋藏深度加大，孔隙度降低、含油性变差，且埋藏深度小于1800m的河道砂体发育地区含油性相对较好。在有效烃源岩范围内的有利构造位置、断裂发育地区以及河道砂体发育较好的叠合区域是致密油"甜点"区的有利分布区域（黄薇等，2013）。

（五）致密油"甜点"区评价

根据松辽盆地扶余油层的地质特征与"甜点"主控因素分析，在绘制基础数据图件的基础上（图6-20至图6-22），主要采用沉积微相约束下的源储配置图版法进行"甜点"区评价，输入的评价参数包括烃源岩厚度、有机质含量、沉积微相和储层厚度，预测 I 类"甜点"8 个，面积 1131.14km², "甜点"资源量为 1.24×10⁸t；II 类"甜点"4 个，面积 2657.85km²，"甜点"资源量为 2.92×10⁸t，合计面积 3788.99km²，"甜点"资源量为 4.16×10⁸t （图 6-23）。基于沉积微相约束下的源储配置图版法"甜点"评价结果，运用基于 EUR 的致密油"甜点"区评价方法开展 EUR "甜点"评价优选，在油价 50 美元条件下，评价扶余油层"甜点"面积 1131.14km²，资源量为 1.24×10⁸t（图 6-24）。

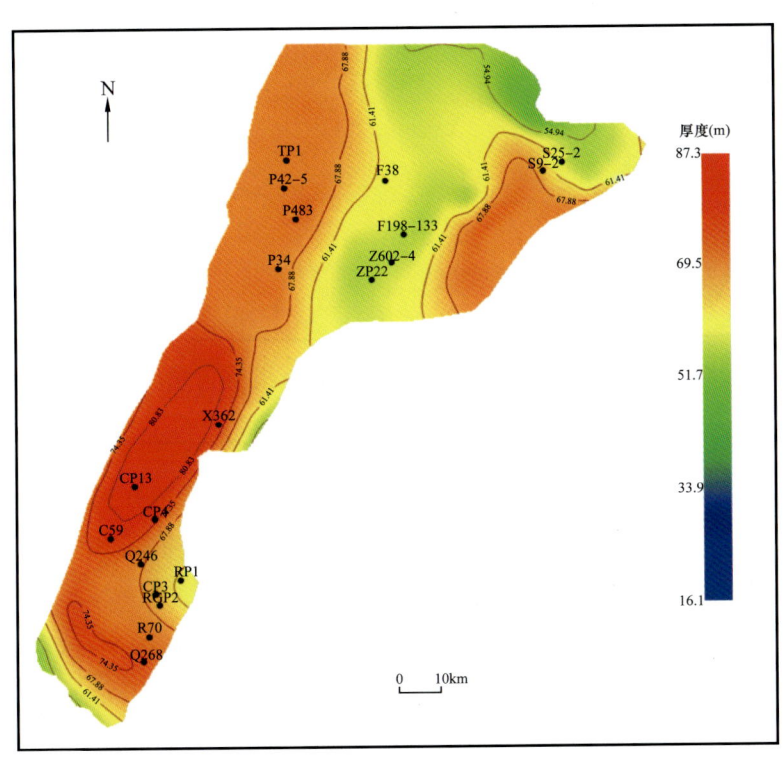

图 6-20 松辽盆地扶余油层烃源岩厚度图

三、准噶尔盆地吉木萨尔凹陷致密油区评价

吉木萨尔凹陷地层发育稳定，呈南厚北薄、西厚东薄的趋势，地层厚度平均为 220m；上下两个"甜点"体主要发育在 $P_2l_2^2$、$P_2l_1^2$。通过整体部署与钻探发现上下两套"甜点"体，满凹陷连续分布。上"甜点"体（$P_2l_2^2$）纵向三套储层，油层发育稳定。下"甜点"体（$P_2l_1^2$）油层发育较为稳定，油层内部为砂泥岩互层。

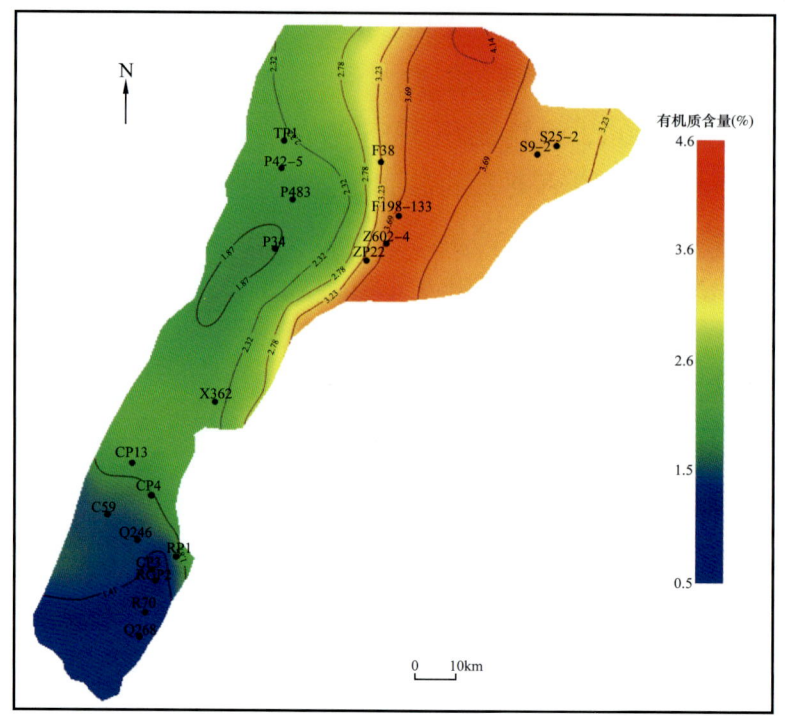

图 6-21 松辽盆地扶余油层有机质含量图

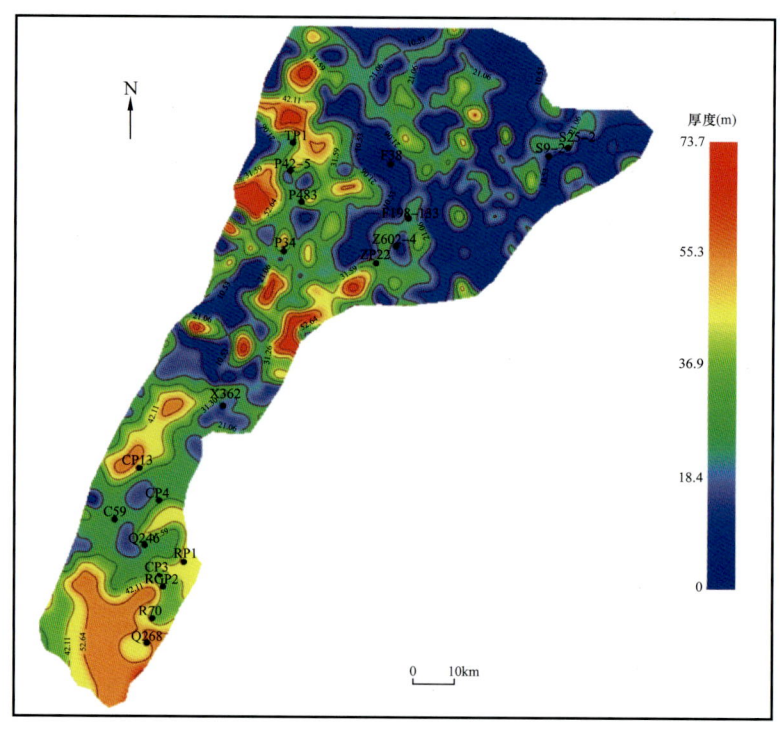

图 6-22 松辽盆地扶余油层储层厚度图

第六章 致密油"甜点"评价关键技术应用

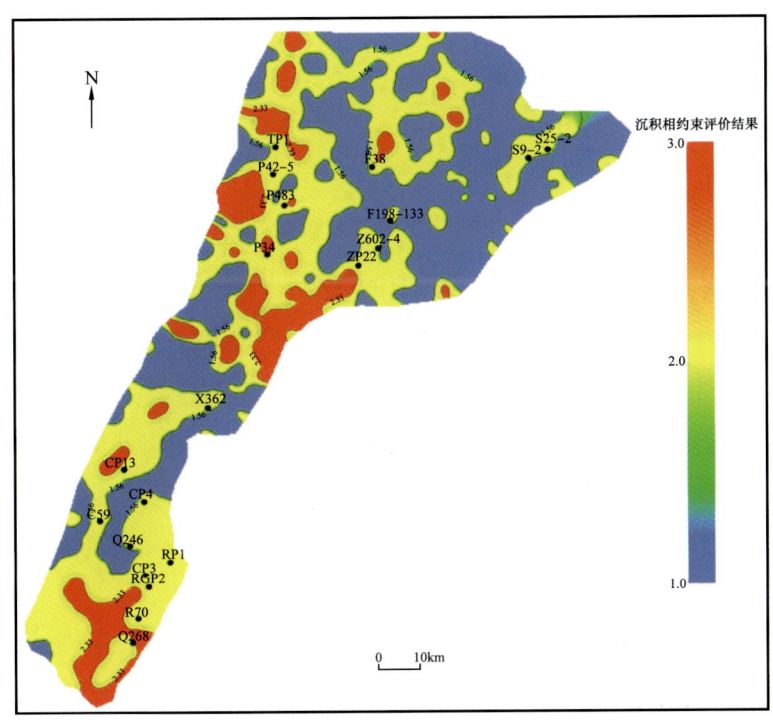

图 6-23 松辽盆地扶余油层"甜点"区分布图

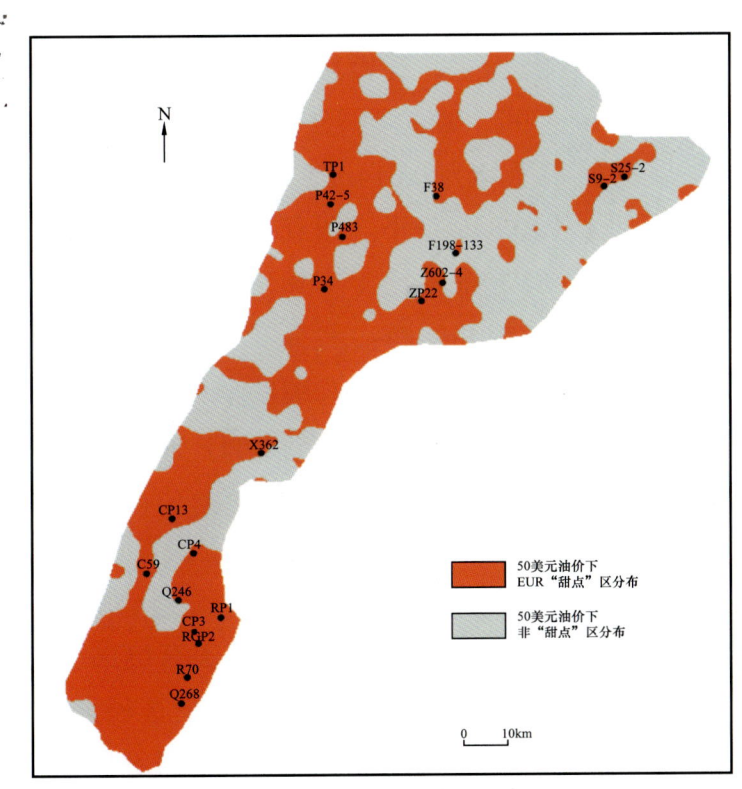

图 6-24 松辽盆地扶余油层 EUR"甜点"区分布图

（一）烃源岩特征

源储一体，烃源岩品质优、厚度大。"甜点"储层 TOC 含量总体大于 1%，且与烃源岩互层，配置关系好。烃源岩以泥岩为主，储层以云质岩、粉细砂岩为主。烃源岩有机质丰度较高，生油条件较好，但成熟度较低。芦草沟组大部分烃源岩 TOC 大于 1.0%，泥岩、白云岩有机质丰度高，属于好—最好的生油岩类型，粉砂岩类有机质丰度较低。芦草沟组烃源岩的母质类型主要为Ⅱ型，粉砂岩类中的母质类型为Ⅲ型、$Ⅱ_2$型，属于较好有机质类型。烃源岩的 R_o 值在 0.78%～0.98% 之间，烃源岩进入低成熟—成熟演化阶段，随着深度的增加烃源岩的成熟度也增加，在凹陷深处其烃源岩的成熟度会更高。厚度方面，芦草沟组二段烃源岩厚度普遍大于 50m，芦草沟组一段烃源岩厚度普遍大于 100m，芦草沟组烃源岩厚度为 100～240m。

（二）储层特征

粒度细、微纳米孔喉发育、渗透性差。$C—M$ 图中，C 值以小于 1000μm 为主，M 值以小于 200μm 为主，表现为悬浮沉积，粒级质量分布直方图中碎屑颗粒以小于 0.5mm 粒级为主。孔隙结构复杂，以微细孔喉为主。孔隙半径分布在 100～150μm 之间，喉道半径主要分布在 0.1μm 以下。上"甜点"体（$P_2l_2^2$）储层渗透率平均为 0.014mD，渗透率小于 0.1mD 样品占比为 90.9%，储层孔隙度平均为 10.84%。下"甜点"体（$P_2l_1^2$）储层渗透率平均为 0.009mD，渗透率小于 0.1mD 样品占比为 92%，储层孔隙度平均为 11.2%。

"甜点"孔隙度大、含油饱和度高。上"甜点"体（$P_2l_2^2$）储层孔隙度平均为 10.84%，下"甜点"体（$P_2l_1^2$）储层孔隙度平均为 11.2%。储集空间类型以溶孔、剩余粒间孔为主。物性与含油性关系表明，储层的物性越好，含油级别越高。"甜点"对应大孔多，含油性好，饱和度高：吉 31 井分析含油饱和度为 70%～95%。非常规孔喉占储集空间的 65% 以上，以微细孔喉为主，具典型的致密油孔喉特征。

天然裂缝不发育、两向应力差大，不利于形成复杂缝网。直井测井解释裂缝密度小于 0.5 条/m。岩心观察裂缝不发育，5 块全直径尺度岩心 CT 扫描，仅有 1 块发现裂缝，岩心试验分析水平两向应力差为 4～12MPa，凹陷东南向深部增大。

（三）工程品质特征

脆性好、弱水敏、无边底水，有利于大规模压裂改造。通过分析岩心岩石力学试验数据和观察岩石破裂形态，进行脆性评价与分类。利用诱导缝走向、椭圆井眼长轴方向、快横波方位三种方法，估算最小水平主应力方向为NE55°。全岩X射线衍射分析结果表明，黏土矿物总含量不高，清水和压裂液浸泡过的岩心前后质量比较，岩石稳定率基本都在99%以上，水敏性不强。地层压力高、地饱压差大、适合水平井大规模体积压裂开发。试验区芦草沟组地层压力系数为1.31，属异常高压压力系统。J171井测静压为39.32MPa，压力系数为1.27；J37井拟合地层压力为36.77MPa，压力系数为1.32。两井区饱和压力为3.87MPa，地层饱和压差为33.26MPa。

（四）致密油"甜点"主控因素

总体而言，芦草沟组致密油主控因素特点表现为岩性控制物性（白云质粉细砂岩、砂屑云岩、岩屑长石粉细砂岩物性好）、物性控制含油性（物性越好，含油级别越高）、岩性控制脆性（储层的脆性好于围岩）、岩性控制敏感性（碳酸盐含量越高，黏土含量越低，敏感性越弱）、岩性控制烃源岩特性（储层本身具有生油能力，储层被烃源岩包裹，源储一体）、储层的破裂压力低于泥岩，地层的闭合应力相对较高。

（五）致密油"甜点"区评价

基于吉木萨尔凹陷致密油地质和工程特征，分析认为四种评价方法均适合用于本地区，通过四种评价方法测试，优选与井吻合最好的深度学习模型评价法为本区的致密油"甜点"区评价方法。在有机质含量、有机质成熟度、烃源岩厚度、储层厚度、孔隙度等平面展布特征的基础上（图6-25至图6-30）进行"甜点"区评价优选，共预测I类"甜点"4个，面积为125km^2，"甜点"资源量为1.97×10^8t；II类"甜点"1个，面积为198.2km^2，"甜点"资源量为2.38×10^8t，两类"甜点"面积合计为323.2km^2，"甜点"资源量为4.35×10^8t（图6-31）。

以深度学习模型评价法为基础，针对吉木萨尔凹陷芦草沟组上"甜点"重点勘探开发区，运用基于EUR的致密油"甜点"区评价方法开展EUR"甜点"

区分布预测（图6-32），预测结果显示在50美元油价下，效益"甜点"分布面积为16.7km^2，总EUR为112.7×10^{4}t。

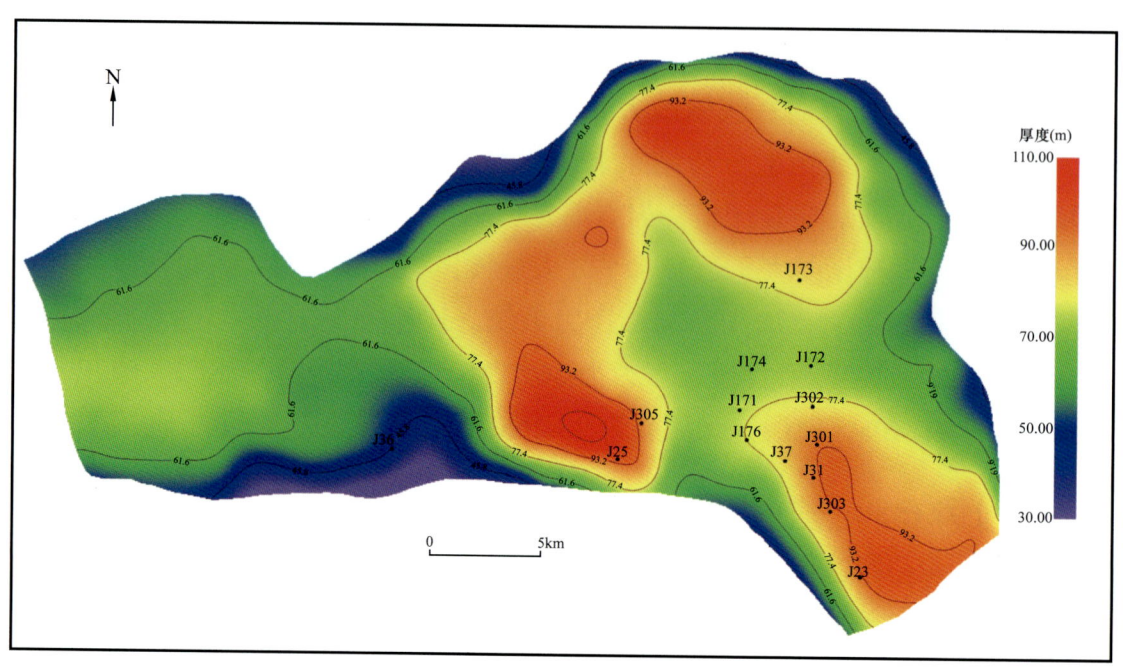

图6-25 准噶尔盆地吉木萨尔凹陷芦草沟组烃源岩厚度图

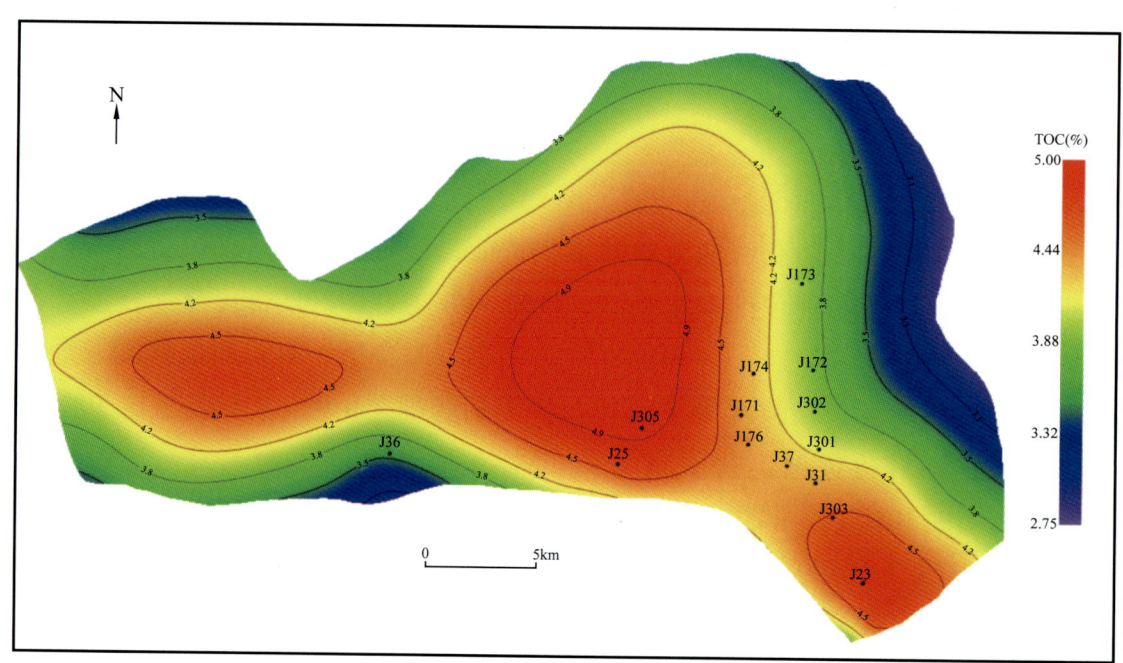

图6-26 准噶尔盆地吉木萨尔凹陷芦草沟组有机质含量图

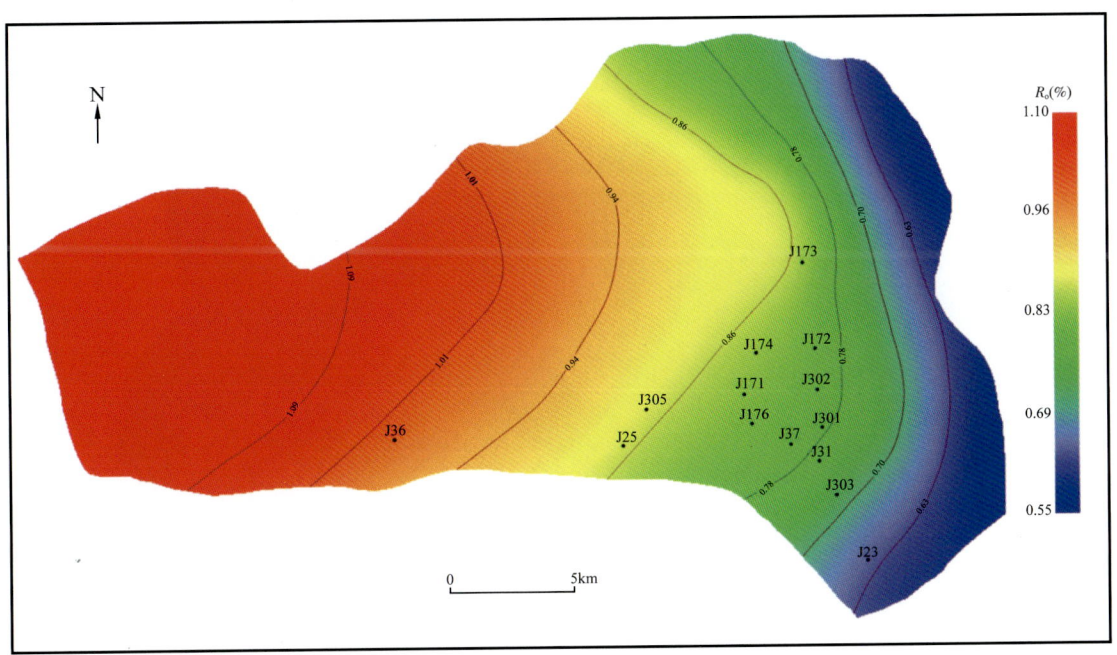

图 6-27 准噶尔盆地吉木萨尔凹陷芦草沟组有机质成熟度图

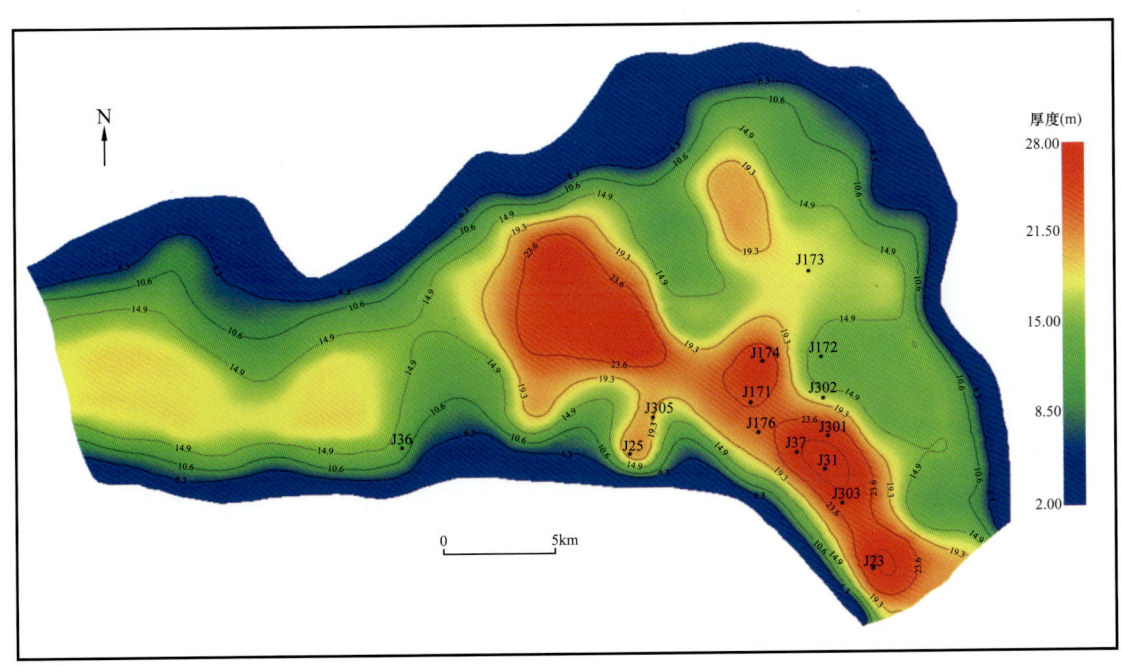

图 6-28 准噶尔盆地吉木萨尔凹陷芦草沟组储层厚度图

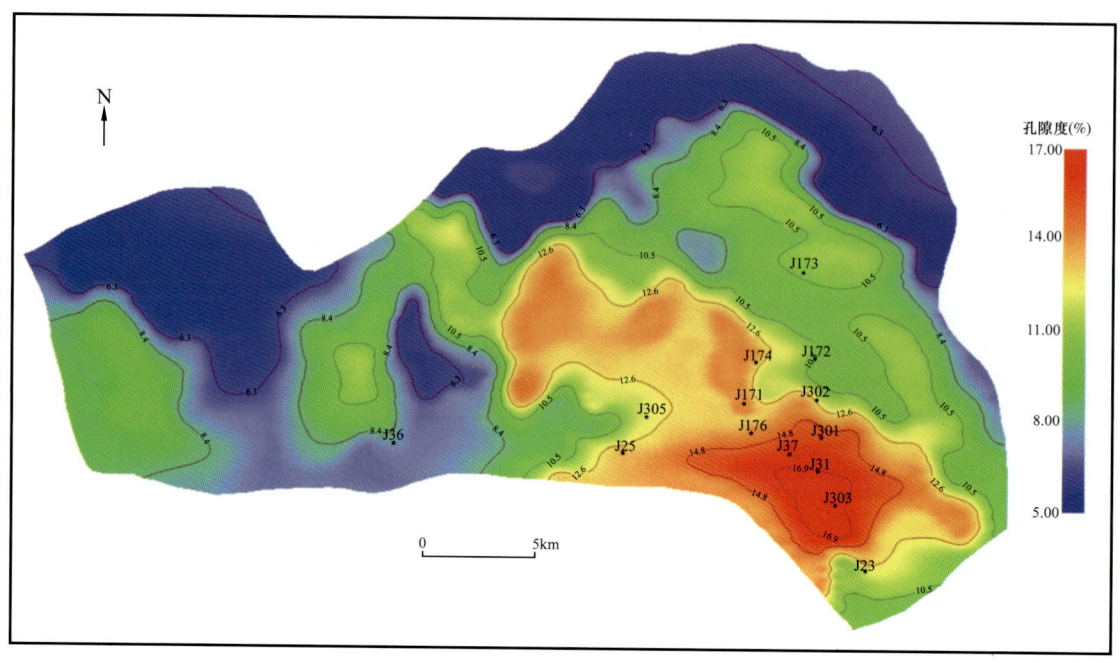

图 6-29 准噶尔盆地吉木萨尔凹陷芦草沟组孔隙度图

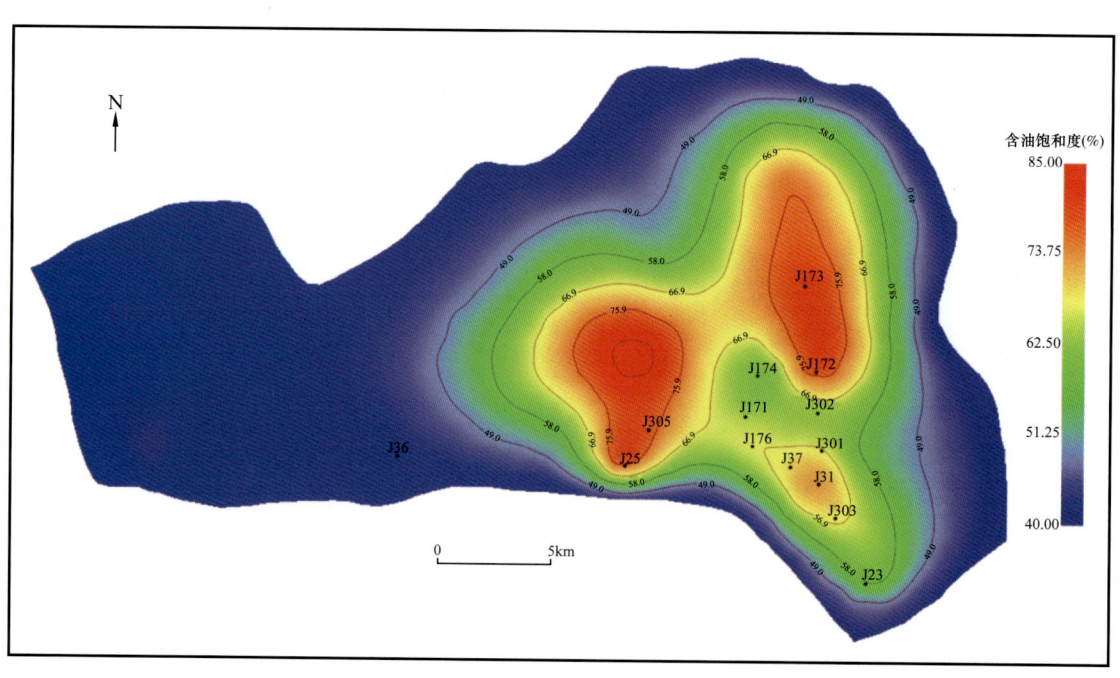

图 6-30 准噶尔盆地吉木萨尔凹陷芦草沟组含油饱和度图

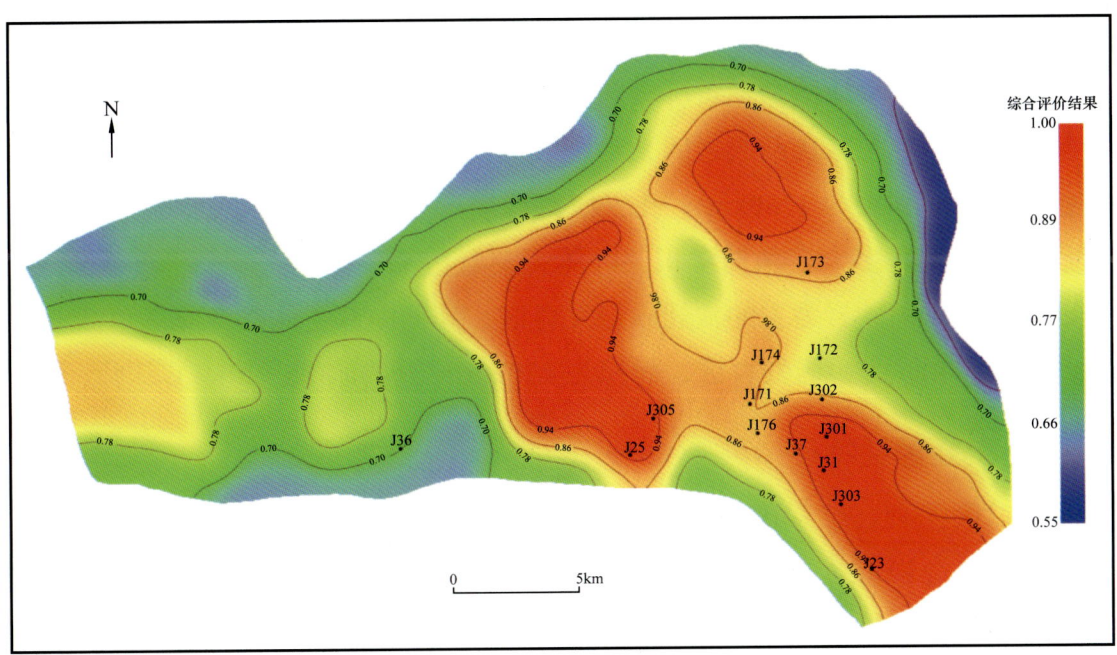

图 6-31 准噶尔盆地吉木萨尔凹陷芦草沟组"甜点"区分布图

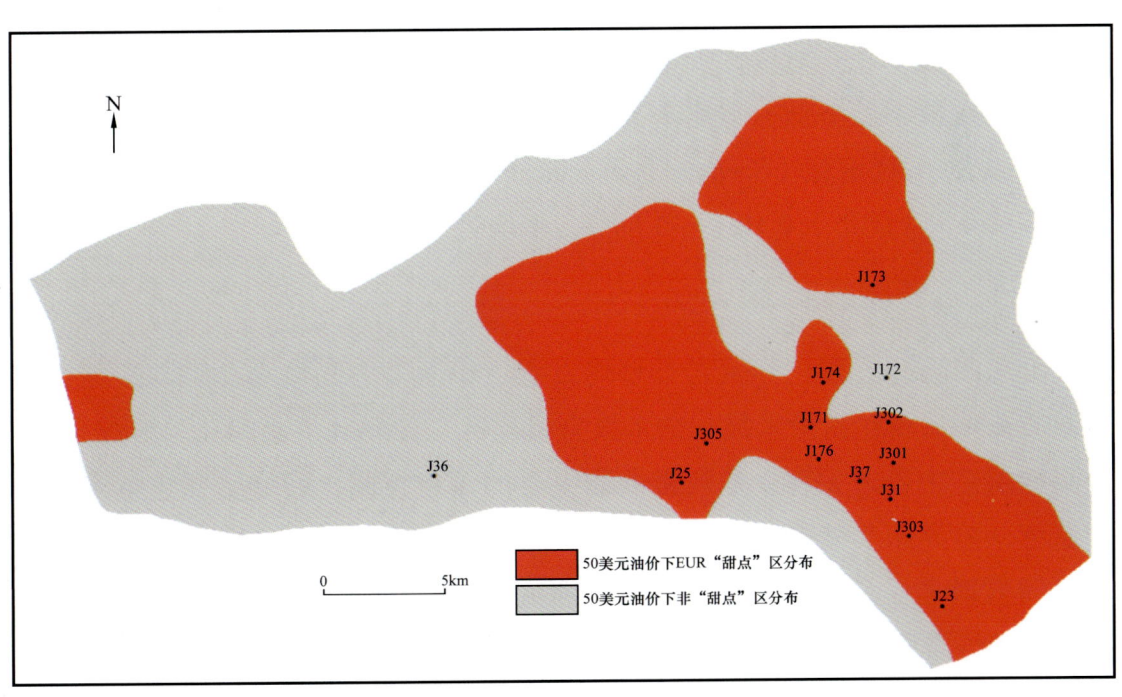

图 6-32 准噶尔盆地吉木萨尔凹陷芦草沟组 EUR"甜点"区分布图

四、渤海湾盆地沧东凹陷孔二段致密油"甜点"区评价

沧东凹陷是渤海湾盆地黄骅坳陷南侧的一个次级构造单元，被夹持于沧县隆起、徐黑凸起及孔店凸起之间，是区域性拉张背景下发育的新生代陆相断陷湖盆，勘探面积约为 1760km²。孔二段沉积期沧东凹陷为淡水—半咸水的内陆湖盆，环湖发育多个三角洲沉积朵叶体，湖盆边部主体发育三角洲前缘亚相，是以中砂岩—细砂岩为主的常规砂岩发育区，湖盆中部主体发育前三角洲亚相及半深湖亚相，为页岩发育区，面积为 430km²（蒲秀刚等，2019）。

（一）烃源岩特征

孔二段泥页岩层系优质烃源岩多、非烃源岩少，整体达到好—很好烃源岩标准。烃源岩母质类型以Ⅰ型和Ⅱ$_1$型为主，其次是Ⅱ$_2$型，Ⅲ型有机质相对较少，整体以偏生油型为主。R_o 主要分布于 0.6%~1.2%，热演化成熟度中等，处于大量生油阶段。TOC 介于 0.13%~12.92%，平均为 3.6%。由于物源供应、古地貌等因素的差异，凹陷不同区域的有机质丰度也存在一定差异。此外，有机质丰度与岩性之间也存在一定的相关性，其中，长英质页岩和混合质页岩的有机质丰度相对较高，平均 TOC 分别为 5.41% 和 3.49%，含灰白云质页岩的有机质丰度略低，平均 TOC 为 1.89%，具有较好的生烃能力（蒲秀刚等，2019）。生烃潜量（S_1+S_2）主要分布于 1~65mg/g，平均为 18.9mg/g。氯仿沥青"A"含量介于 0.10%~3.65%，平均为 0.47%。

（二）储层特征

沧东凹陷孔二段三种页岩类型均发育"小而多"的微小孔隙与裂缝，其中基质孔隙主要包括微米级—纳米级有机质孔、粒间孔、晶间孔、溶蚀孔等，在页岩层系中普遍发育，是致密油最主要的储集空间。裂缝主要包括宏观的构造缝、差异压实缝、异常压力缝、层理缝和微裂缝等，其既是致密油的储集空间类型之一，也是致密油重要的渗流通道。其中，长英质页岩以有机质孔、层理缝及异常压力缝为主，基质孔隙的孔径多分布于 0.05~10.00μm，岩心及岩石薄片观察到的层理缝相对发育，裂缝开度最高可达 0.2mm；含灰白云质页岩以晶间孔、构造缝、差异压实缝为主，基质孔隙的孔径多分布于

0.1～300.0μm，岩心观察到的宏观裂缝开度可达 4mm；混合质页岩储集空间以粒间孔、层间缝为主，基质孔隙的孔径多分布于 0.03～2.00μm，层理缝相对发育，裂缝开度多分布于 1～200μm。

长英质页岩孔隙度主要分布于 0.24%～6.03%，平均为 3.10%；渗透率分布于 0.03～10.00mD，平均为 0.25mD；滞留的游离烃平均为 3.31mg/g，含油饱和度指数（S_1/TOC）平均为 143.6mg/g。含灰白云质页岩孔隙度主要分布于 0.33%～13.22%，平均为 5.80%；渗透率主要分布于 0.02～16.2mD，平均为 0.28mD；滞留的游离烃平均可达 3.45mg/g，含油饱和度指数平均可达 163.6mg/g。混合质页岩孔隙度多分布于 0.28%～4.45%，平均为 3.30%；渗透率主要分布于 0.02～3.30mD，平均为 0.3mD；滞留的游离烃平均为 2.47mg/g，含油饱和度指数平均为 115.0mg/g（蒲秀刚等，2019）。

（三）工程品质特征

长英质页岩广义脆性指数平均为 55.7%，含灰白云质页岩广义脆性指数平均可达 80.0%，混合质页岩的广义脆性指数平均为 62.9%（蒲秀刚等，2019）。

（四）致密油"甜点"主控因素

通过岩心资料荧光强度与 TOC 之间相关性分析可知，页岩含油性与烃源岩品质紧密相关，总有机碳含量越高，荧光显示级别越高，含油饱和度越高，越有利于"甜点"的形成。当 TOC 不小于 3.0% 时，细粒致密储层宏观含油性荧光级别一般为Ⅰ类、Ⅱ类，是致密油"甜点"发育的有利储层；当烃源岩 TOC 小于 3.0% 时，细粒致密储层宏观含油性荧光级别为Ⅲ类、Ⅳ类（周立宏等，2018）。

致密油属于源内自生自储型富集模式，富集程度取决于储层孔缝发育程度。沧东凹陷孔二段泥页岩段页理发育。储集空间为晶间孔、粒内微孔、粒间溶蚀孔及层理缝、压实缝、构造缝等多种类型。孔二段储层孔隙度一般小于 10%，渗透率低于 1mD，整体相对致密，不同岩类储层储空间组合系统与物性均存在差异，其中细粒含长石、石英沉积岩主要为粒间孔—微裂缝孔缝系统，有效孔隙度平均约为 3.1%，渗透率为 0.69mD；碳酸盐岩主要发育晶间孔—微裂缝孔缝系统，有效孔隙度平均约为5.8%，渗透率为0.49mD，最有利于"甜点"发育；细粒混合沉积岩主要发育方沸石粒间孔—层理缝孔缝系统，有效孔隙度平均为3.3%，渗透率约为0.37mD（周立宏等，2018）。

孔二段页岩段岩性以白云岩、细粒含长石、石英质沉积岩及细粒混合沉积岩三大岩类为主，依据不同岩性烃源岩与储层的品质及垂向叠置样式，纵向纹层状混积岩模式上源储组合模式划分为3种类型，即厚层白云岩模式、厚层长英质页岩模式和纹层状混积岩模式3种结构构造组合，其中纹层状混积岩模式为优势源储组合模式，其岩性为白云岩、细粒混合沉积岩、细粒含长石、石英沉积岩呈薄互层式组合，单层厚度小于1m，测井曲线呈锯齿状，TOC值高，孔缝发育，烃源岩与储层频繁交叉互层，纹层状混积岩组合模式在该区含油性最好，最有利于"甜点"的发育（周立宏等，2018）。

（五）致密油"甜点"区评价

根据沧东凹陷孔二段致密油的地质特征与"甜点"主控因素，在绘制基础数据图件的基础上（图6-33至图6-39），主要采用多参数地质综合评价法进行"甜点"区评价。烃源岩地质参数主要使用了有机质丰度、有机质成熟度和泥岩厚度三项，储层地质参数主要使用了储层厚度、孔隙度和含油饱和度三项参数，工程参数使用了脆性指数。评价结果显示"甜点"区呈弯曲条带状分布于凹陷中部（图6-40），与单井产量吻合度为75%。共评价出Ⅰ类"甜点"3个，面积为51.4km^2，"甜点"资源量为1.64×10^8t；Ⅱ类"甜点"2个，面积为126.8km^2，"甜点"资源量为3.47×10^8t，两类"甜点"面积合计为178.2km^2，"甜点"资源量为5.11×10^8t。

基于多参数地质综合评价法"甜点"区评价结果，运用基于EUR的致密油"甜点"区评价方法开展致密油EUR"甜点"评价优选，评价结果显示（图6-41），在50美元油价下，"甜点"面积为51.4km^2，"甜点"资源量为1.64×10^8t。

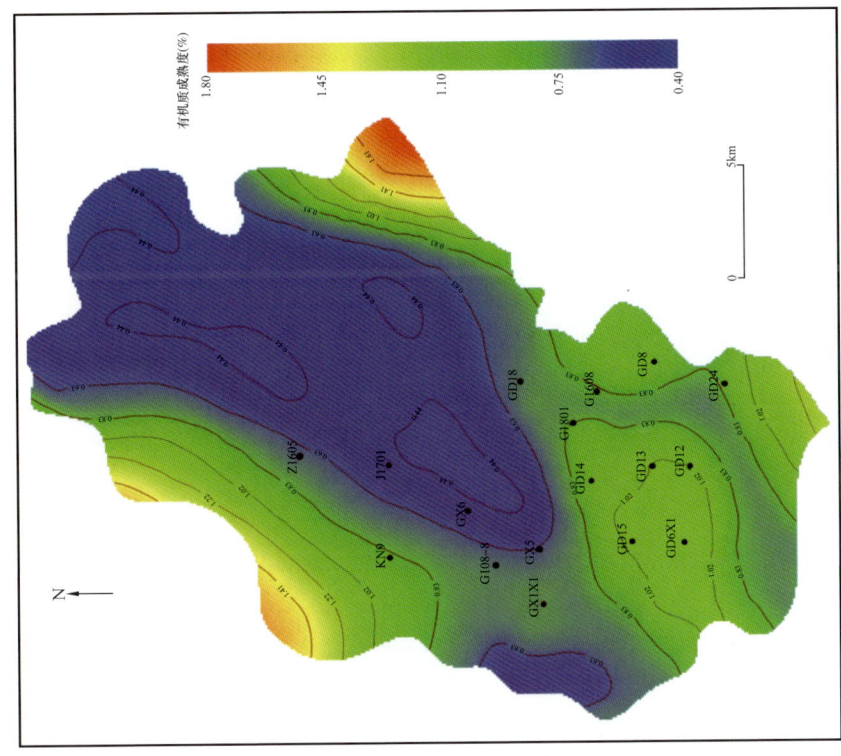

图 6-34 渤海湾盆地沧东凹陷孔二段有机质成熟度图

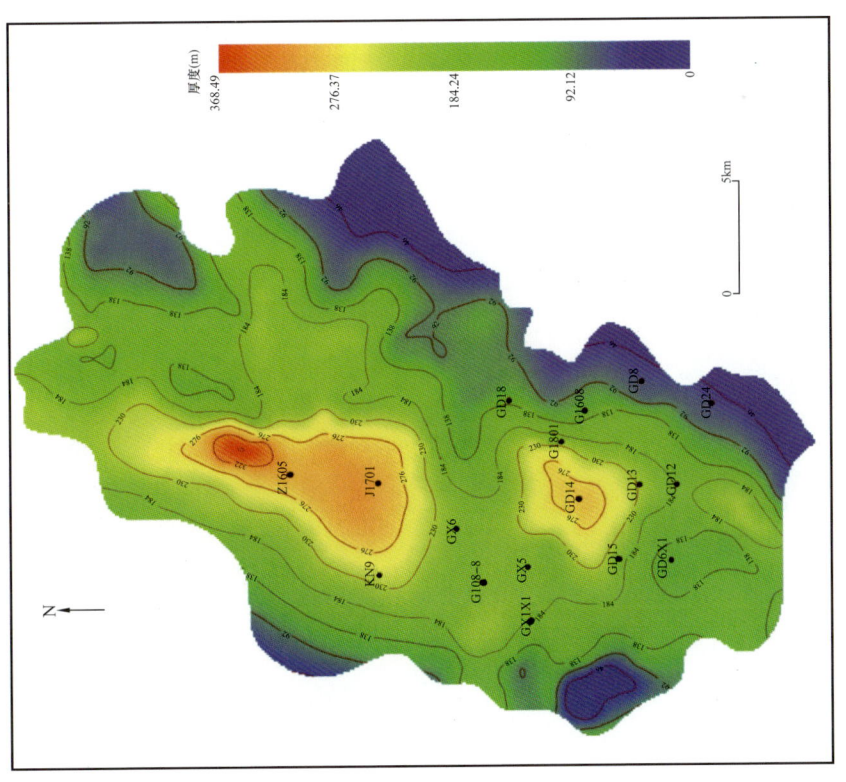

图 6-33 渤海湾盆地沧东凹陷孔二段烃源岩厚度图

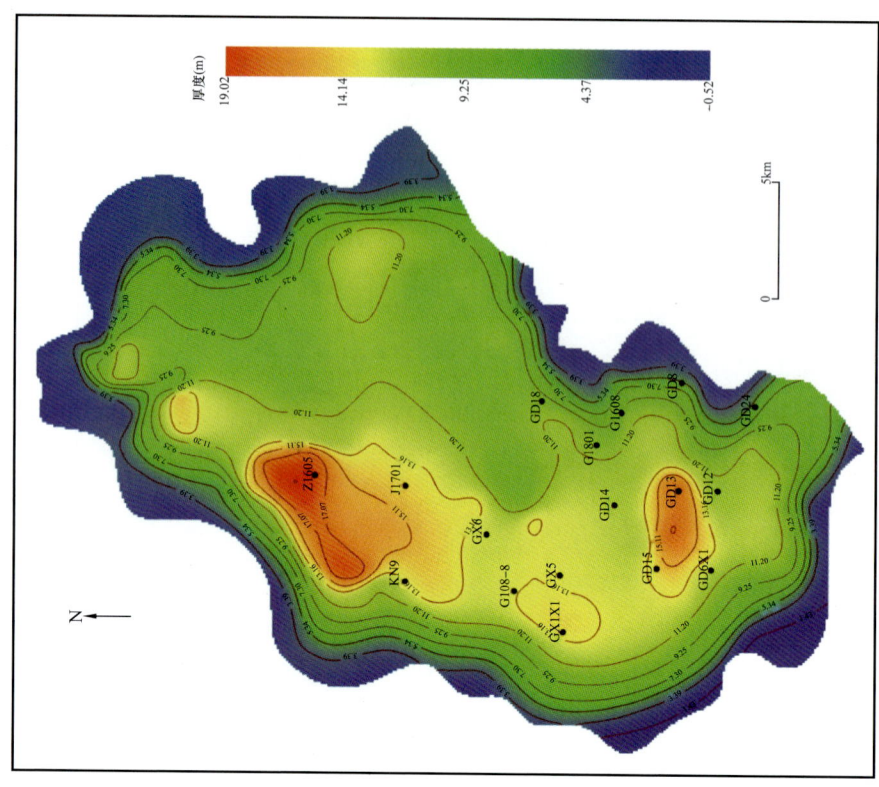

图 6-36　渤海湾盆地沧东凹陷孔二段储层厚度图

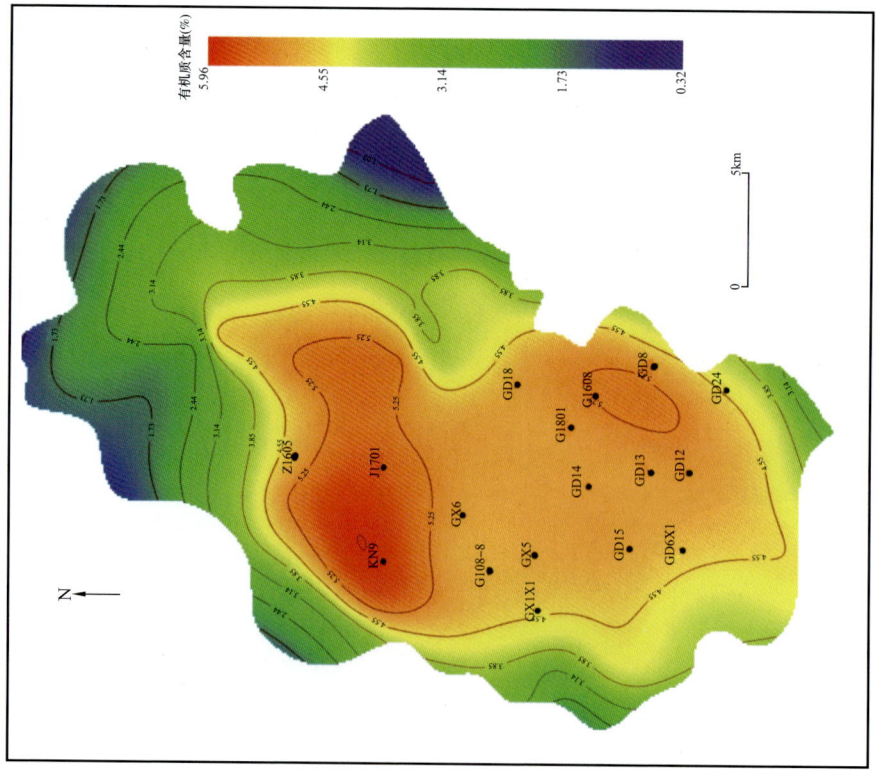

图 6-35　渤海湾盆地沧东凹陷孔二段有机质含量图

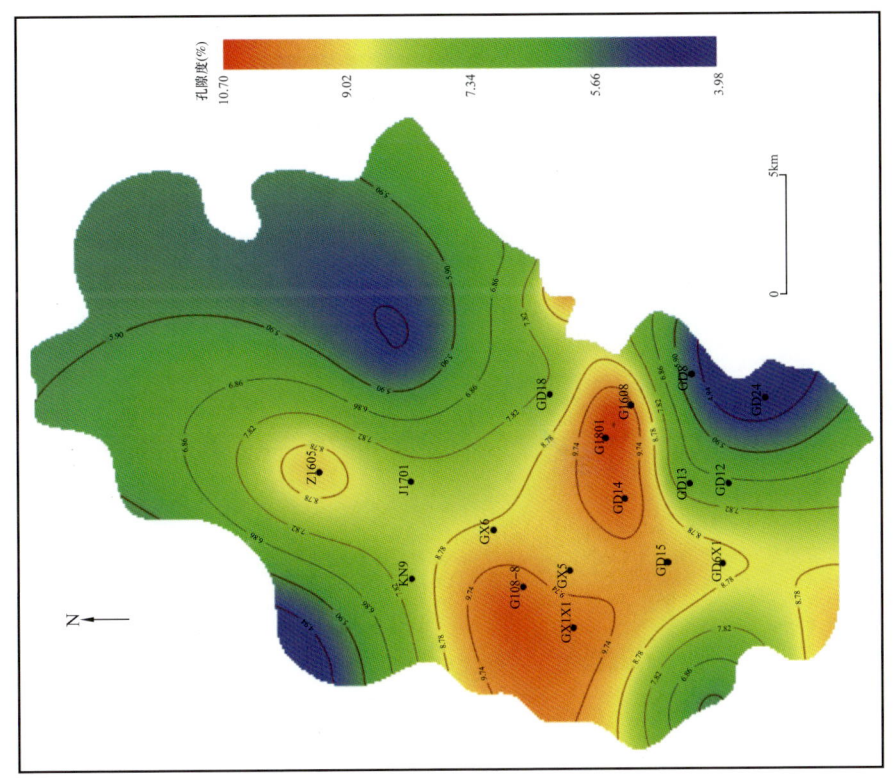

图 6-38 渤海湾盆地沧东凹陷孔二段孔隙度图

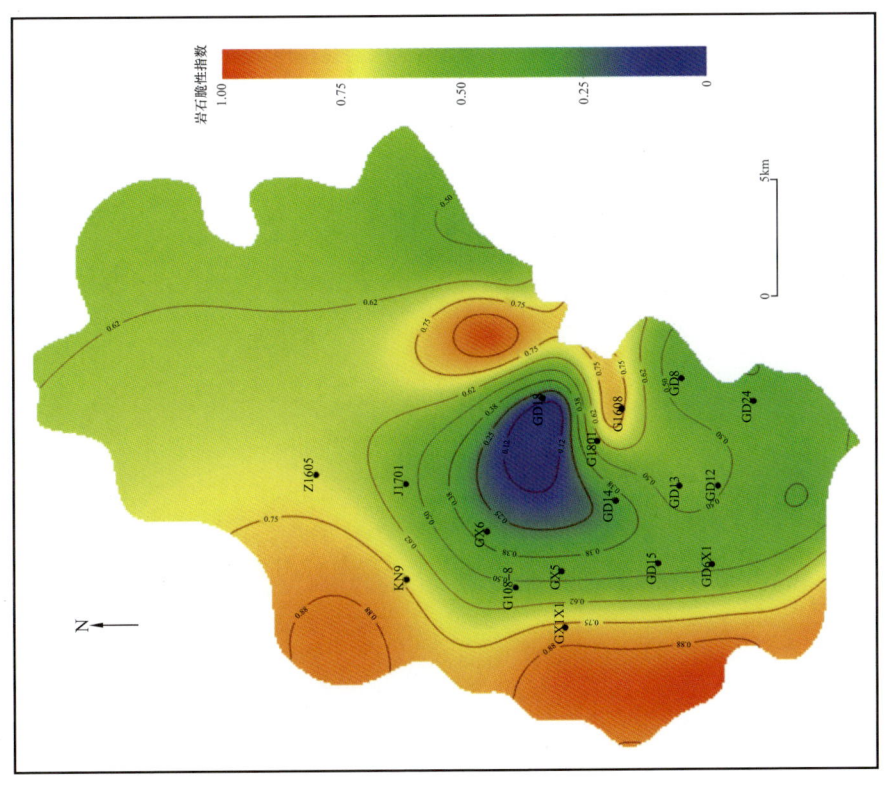

图 6-37 渤海湾盆地沧东凹陷孔二段岩石脆性指数图

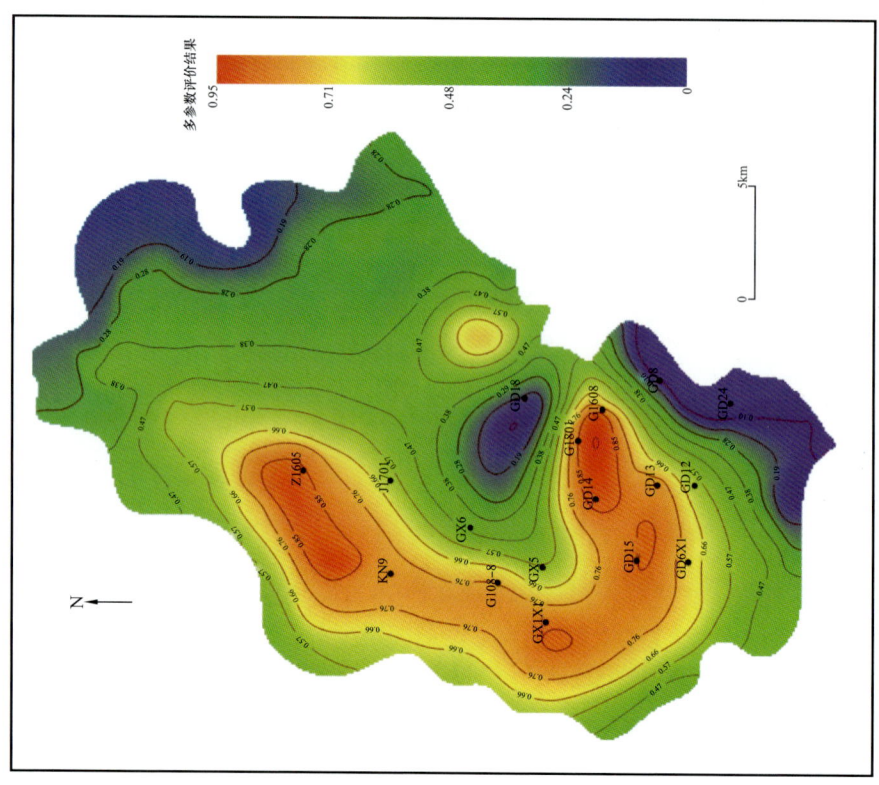

图 6-40 渤海湾盆地沧东凹陷孔二段"甜点"区分布图

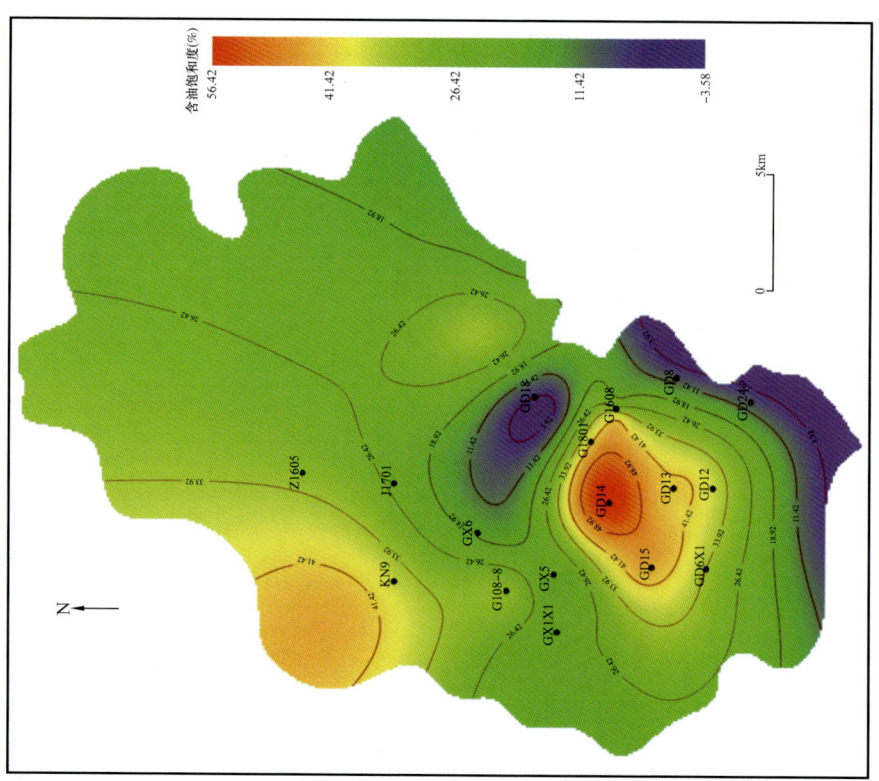

图 6-39 渤海湾盆地沧东凹陷孔二段含油饱和度图

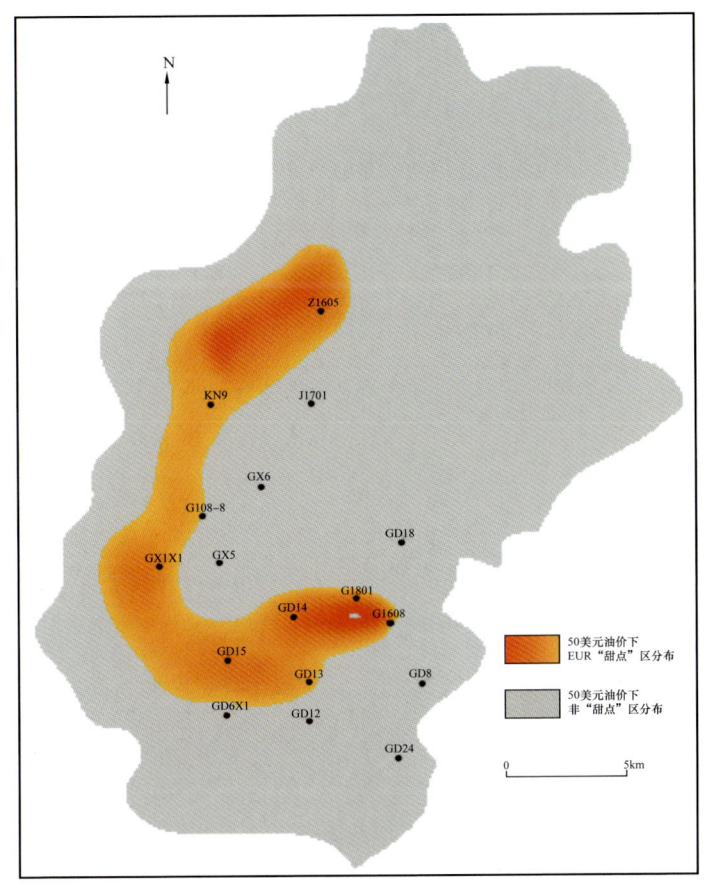

图 6-41　渤海湾盆地沧东凹陷孔二段 EUR"甜点"区分布图

五、四川盆地大安寨段致密油"甜点"区评价

四川盆地早侏罗世以滨浅湖沉积环境为主，中—晚侏罗世主要为河流—三角洲沉积环境。早侏罗世湖盆沉积中心整体呈现由川北向川东迁移的趋势。川中侏罗系大安寨段为湖泊相，且湖盆面积最大，沉积中心分布在川北的南充—仪陇—达州一带。大安寨段是四川盆地侏罗系致密油分布的主力产层，自上而下可划分为大一亚段、大一三亚段和大三亚段 3 个亚段。其中大一亚段和大三亚段岩性主要为介壳灰岩，单层厚度一般为 2～8m，厚者可达 20m 以上，累计厚度一般为 10～30m，最厚可达 40m 以上，并且在整个川中地区可连续追踪对比，稳定性较好；大一三亚段岩性以泥质介壳灰岩为主，单层厚度小于 1m，累计厚度可达 10～20m，并与黑色泥页岩互层或夹层。

(一)烃源岩特征

川中地区侏罗系大安寨段的烃源岩平均厚度超过 50m,其中分布于大一三亚段的黑色泥页岩是川中地区自生自储型油气藏的主力烃源岩,烃源岩含大量瓣鳃、腹足和介形虫等湖生生物,有机质十分丰富,有机碳平均含量大于 1.0%,氯仿沥青"A"平均含量大于 0.09%,为中—好生油岩;烃源岩中有机质干酪根以腐泥型为主,有机质镜质组反射率 R_o 在 0.80%~1.33%,正处于生油高峰期,生油条件较好(杜敏等,2005;陈盛吉等,2005;杨晓萍等,2005)。

(二)储层特征

川中侏罗系大安寨段储集岩主要为分布于大一亚段和大三亚段的介壳灰岩以及大一亚段下部和大一三亚段的泥质介壳灰岩(陈薇等,2016;孙玮等,2014)。整个大安寨段石灰岩储层致密,大量岩样分析结果表明,储层孔隙度为 0.5%~1.5%,渗透率多低于 0.1mD,其中介壳灰岩孔隙度主体为 1%~2%,空气渗透率一般小于 0.1mD(李登华等,2016;朱如凯等,2016),总体为特低孔、特低渗型致密储层。储集空间类型多样,主要为晶间孔、溶蚀孔、微裂隙和裂缝以及生物体腔孔等(李登华等,2016;朱如凯等,2016);其次为晶间缝和微溶孔,孔渗性较差,裂缝主要起渗流通道作用(李耀华,1996;何冰等,2010;倪超等,2012)。

(三)大安寨段致密油"甜点"主控因素

致密油"甜点"分布主要受富有机质烃源岩控制,与有效烃源岩厚度关系不密切。通过对川中地区 49 口井暗色泥页岩岩心样品的系统分析,结合致密油勘探开发成果,发现致密油"甜点"不受有效烃源岩厚度控制,而集中分布在烃源岩 TOC 高值区及其周边。大安寨段已发现的 5 个油田都在 TOC 大于 1.4% 的优质烃源岩分布区内及周缘。初步分析认为:虽然 TOC 大于 1% 的烃源岩都对致密油富集有贡献,但高有机质丰度烃源岩的贡献远大于低有机质丰度烃源岩(李登华等,2016)。

储层基质孔隙和喉道均以微米级为主,是致密油的有效储集空间(Ghanizadeh 等,2015)。川中地区侏罗系致密油储层岩心样品分析测试表明，介壳灰岩的有效孔隙半径平均为 145.2～147.9μm，有效喉道半径平均为 0.89～1.15μm，孔喉半径主体为微米级（何晓东等，2015）。荧光薄片显示，产油段的岩心中，微米级孔喉和裂缝都具有良好的含油显示，是致密油的有效储集空间（陈世加等，2014，2015）。

侏罗系主力生油岩的热成熟度较高，R_o 为 0.8%～1.4%，原油总体呈现油质轻、气油比高的特点，油藏普遍存在异常高压，压力系数一般大于 1.2，未见边底水。川中地区大安寨段原油密度为 0.74～0.87g/cm³，气油比主体大于 200m³/m³，压力系数为 1.23～1.72。通过与凉高山组和沙溪庙组对比分析，认为热成熟度越高、保存条件越好的区块（包括致密油"甜点"区），油质越轻、气油比越高、压力系数越高，越有利于致密油的流动和产出（李登华等，2016）。

（四）大安寨段致密油"甜点"区评价

根据四川盆地侏罗系大安寨段的地质特征与"甜点"主控因素，基于总有机碳含量（TOC）、热解参数（S_1）、镜质组反射率（R_o）、地层压力及沉积相特征等参数（图 6-42 至图 6-46），采用多参数综合法进行"甜点"区评价，（图 6-47），共评价出 I 类"甜点"3 个，面积为 4673km²，"甜点"资源量为 $1.86×10^8$t；II 类"甜点"1 个，面积为 6960km²，"甜点"资源量为 $2.1×10^8$t，两类"甜点"面积合计为 11633km²，"甜点"资源量为 $3.96×10^8$t。

在多参数综合法"甜点"评价结果基础上，利用基于 EUR 的致密油"甜点"评价技术，开展 EUR "甜点"评价优选，结果显示（图 6-48），在油价 50 美元下，EUR "甜点"区面积为 4673km²，资源量为 $1.86×10^8$t。

六、三塘湖盆地马朗凹陷条湖组致密油"甜点"区评价

三塘湖盆地二叠纪时为湖相沉积环境，芦草沟组主要发育泥岩、泥质灰岩、泥质白云岩等湖相细粒沉积，为一套优质烃源岩。条湖组一段沉积时，盆地处于张性伸展环境，火山作用频繁。发育的正断层是岩浆喷发的通道，形成火山活动带，并在盆地的大部分地区沉积了一套厚 200～600m 的玄武岩，局部地区有辉绿岩侵入。之后火山作用逐渐减弱，在条湖组二段底部沉积了一套数十米厚的凝灰岩（马剑，2016）。

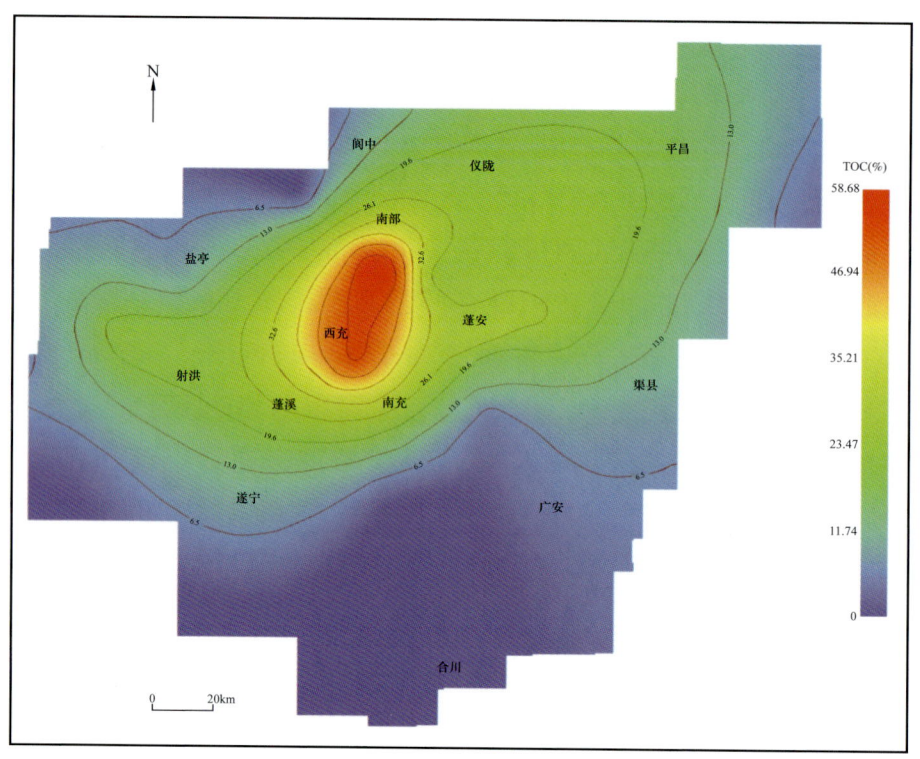

图 6-42 四川盆地大安寨段总有机碳含量图

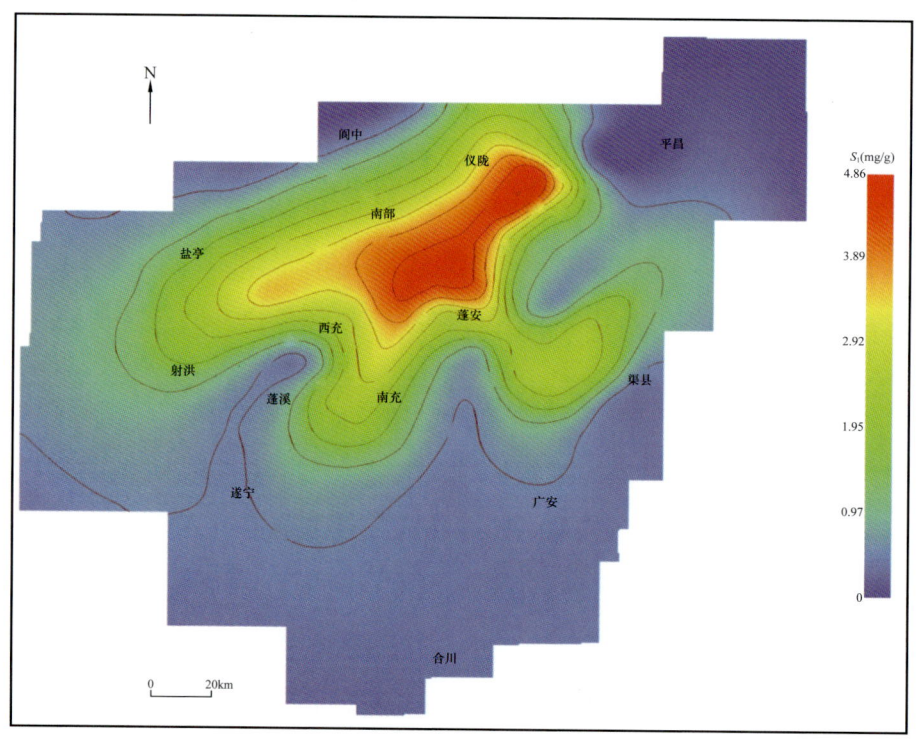

图 6-43 四川盆地大安寨段 S_1 分布图

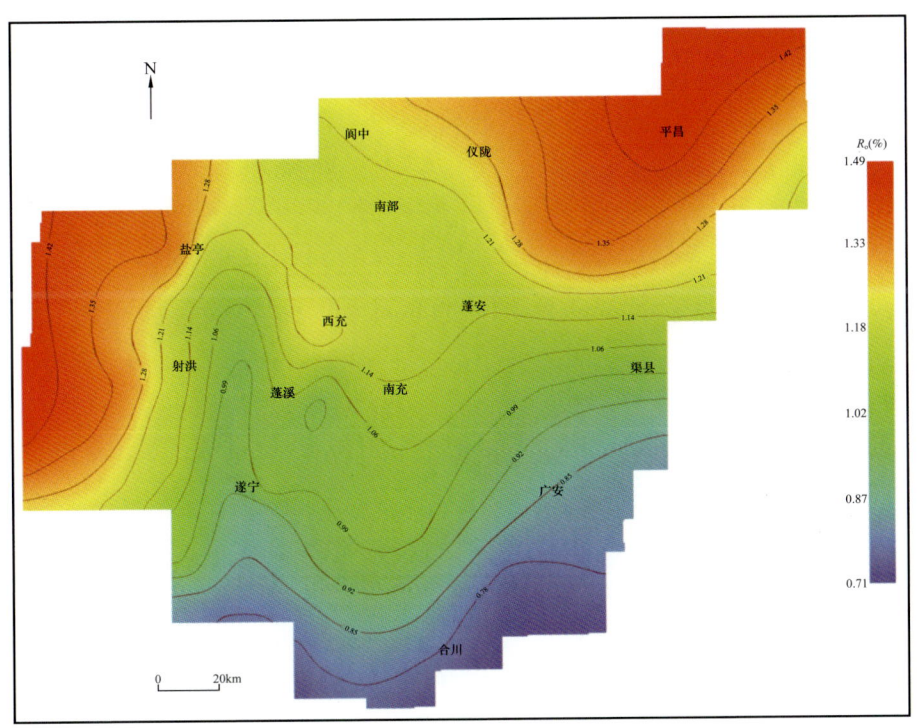

图 6-44　四川盆地大安寨段有机质成熟度图

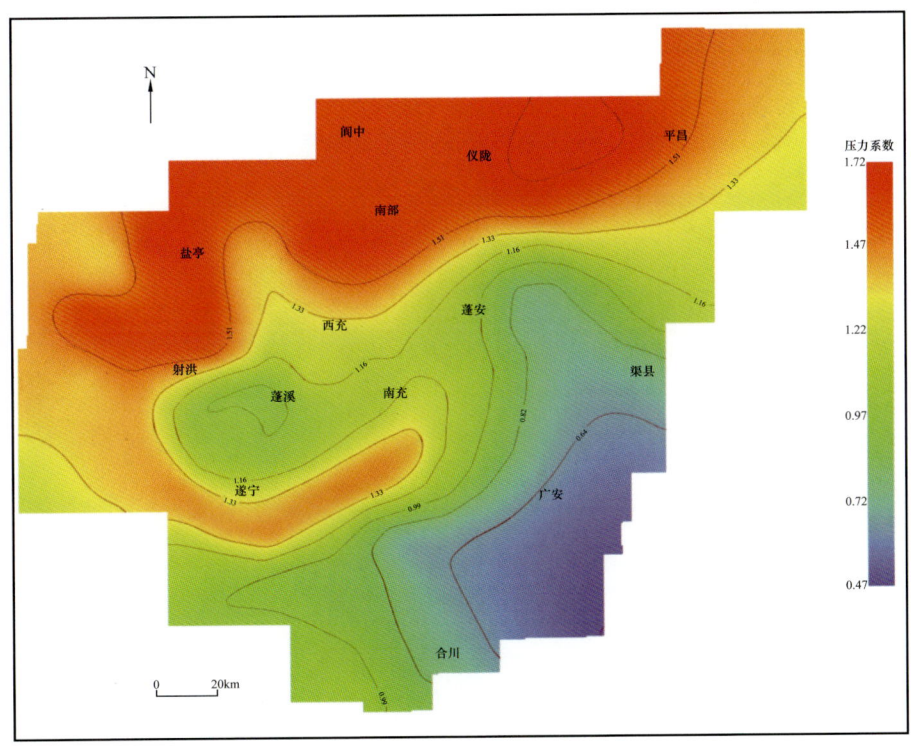

图 6-45　四川盆地大安寨段地层压力系数图

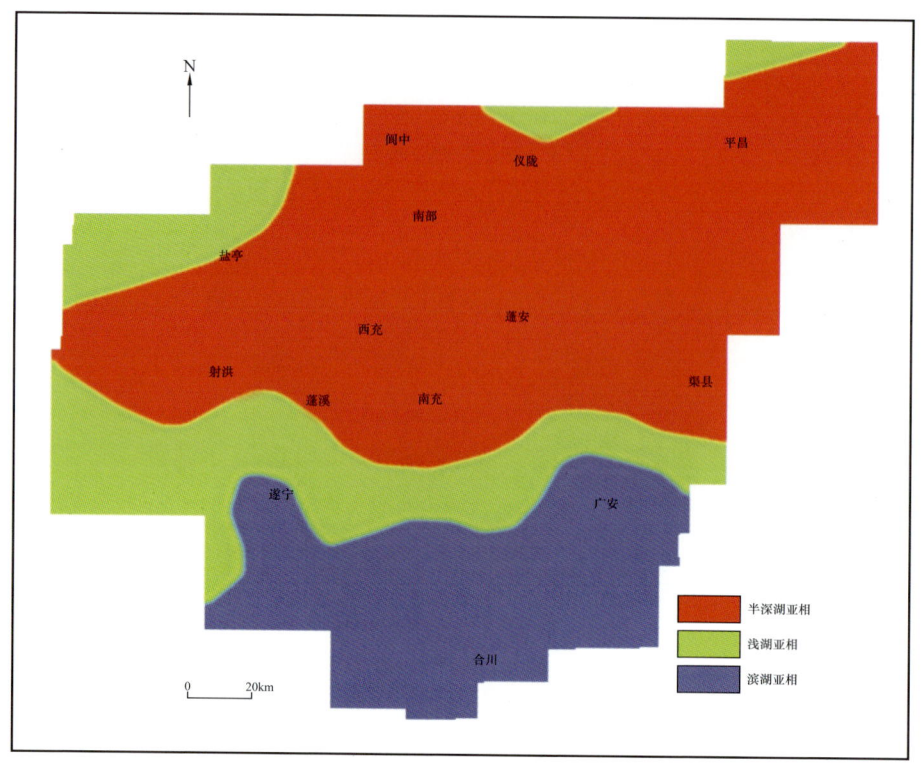

图 6-46 四川盆地大安寨段沉积相展布图

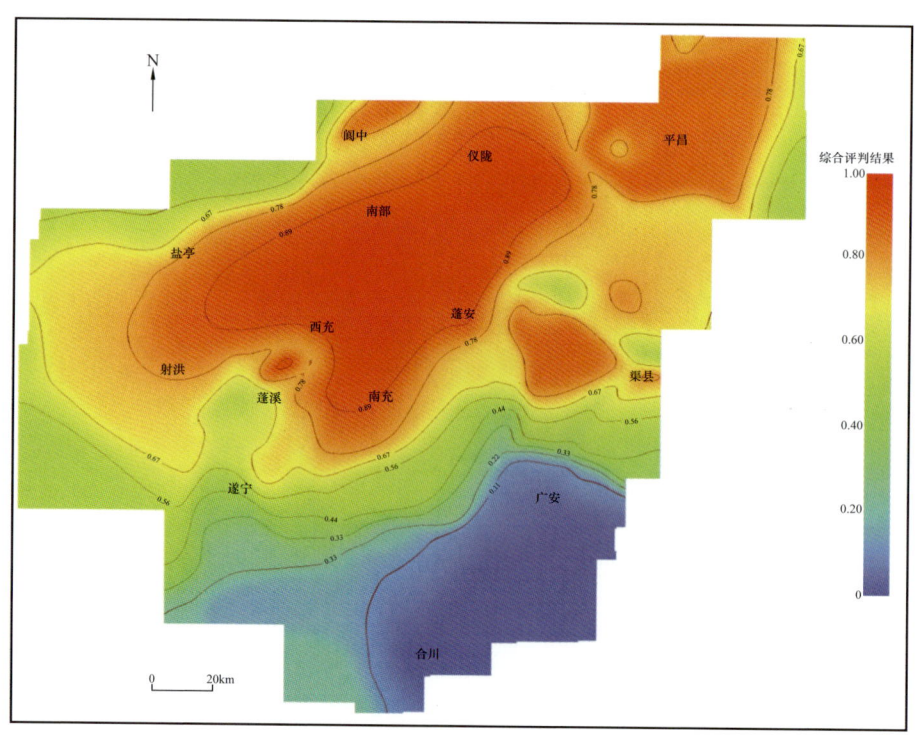

图 6-47 四川盆地大安寨段"甜点"区分布图

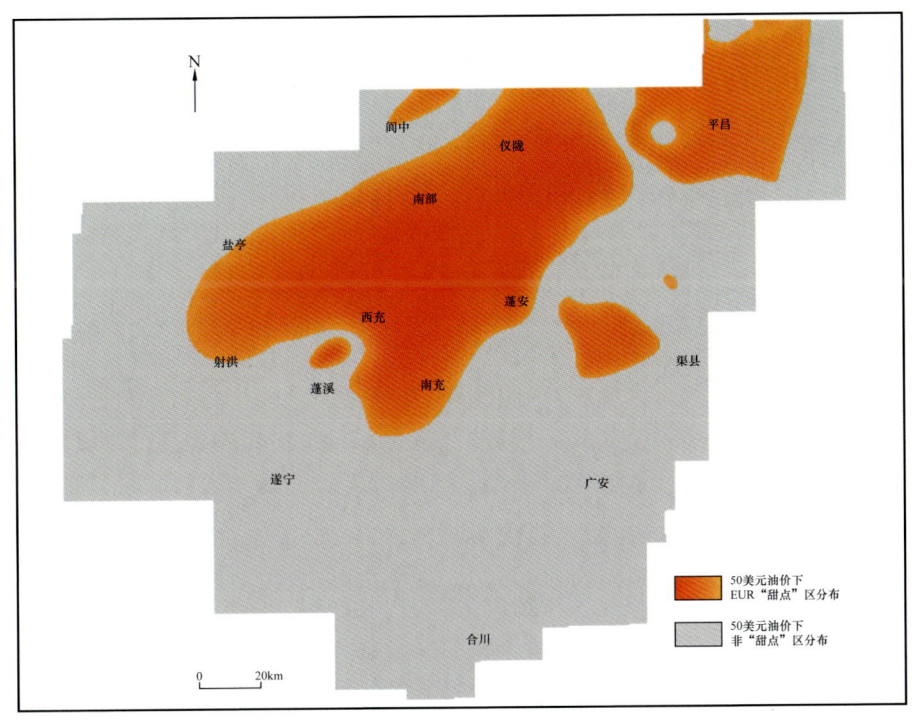

图 6-48　四川盆地大安寨段 EUR"甜点"区分布图

（一）致密油"甜点"主控因素

致密油分布均不受构造控制，主要受优质烃源岩、储层岩相及油源断裂共同控制。优质烃源岩主要发育在湖盆扩张期的凹陷—斜坡浅湖—半深湖环境。随着有机质的成熟，产生的有机酸为火山喷发空落在该区域的火山灰发生脱玻化作用及次生溶蚀、形成有效储层创造了良好条件，生成的原油就近在火山灰成岩脱玻化蚀变产生的大量溶蚀微孔中聚集，利于"甜点"的形成。

结合试油分析结果，将二叠系非常规石油储层"甜点"划分为 3 类：Ⅰ类储层岩性以沉凝灰岩为主，孔隙度大于 10%，含油饱和度大于 60%，以条湖组致密油、芦草沟组致密油下"甜点"最为典型，通过水平井体积压裂可获得高产稳产；Ⅱ类储层孔隙度为 7%～10%，含油饱和度为 50%～60%，岩性为白云质凝灰岩、凝灰质白云岩，体积压裂改造后具有一定的稳定产能，典型实例为条 34 块芦草沟组致密油中上"甜点"段，条 34 直井大型压裂，以及条 3401H、条 3402H 水平井均实现了相对长时间的稳产，日产油 15～20m^3；Ⅲ类储层孔隙度为 4%～7%，含油饱和度为 50%～60%，岩性复杂，包括泥晶白云岩等，以芦草沟组致密油局部层段为代表，普遍见油气显示，尚未获得工业产能，能否实现效益勘探开发需要继续探索（梁世君等，2019）。

沟通储层与烃源岩之间的断裂系统能够为致密储层中油气的运移提供有利通道，利于油气富集。因此，油源断裂也是致密油"甜点"形成的必要条件，并且致密油"甜点"发育的附近，一般都伴随着一定的断裂系统出现（梁世君等，2019）。

（二）致密油"甜点"区评价

限于致密油区数据资料，本次评价只选取M56区块进行评价。根据马朗凹陷条湖组致密油的地质特征与"甜点"主控因素，在绘制基础数据图件的基础上（图6-49至图6-52），以及井生产数据，主要采用参数回归法进行"甜点"区评价。用于回归的地质参数包括储层厚度、孔隙度、油层厚度和脆性指数，同时将工艺参数压裂长度和总砂量也加入进行回归，单井产量为回归目标。在预测"甜点"区时，将M56区块的平均压裂长度和总砂量作为常量代入回归模型，得到"甜点"区评价图（图6-53），与井产量的吻合率82%，共评价出Ⅰ类"甜点"2个，面积为27.03km^2，"甜点"资源量为0.114×10^{8}t；Ⅱ类"甜点"2个，面积为25.89km^2，"甜点"资源量为0.11×10^{8}t，两类"甜点"面积合计为52.9km^2，"甜点"资源量为0.223×10^{8}t。

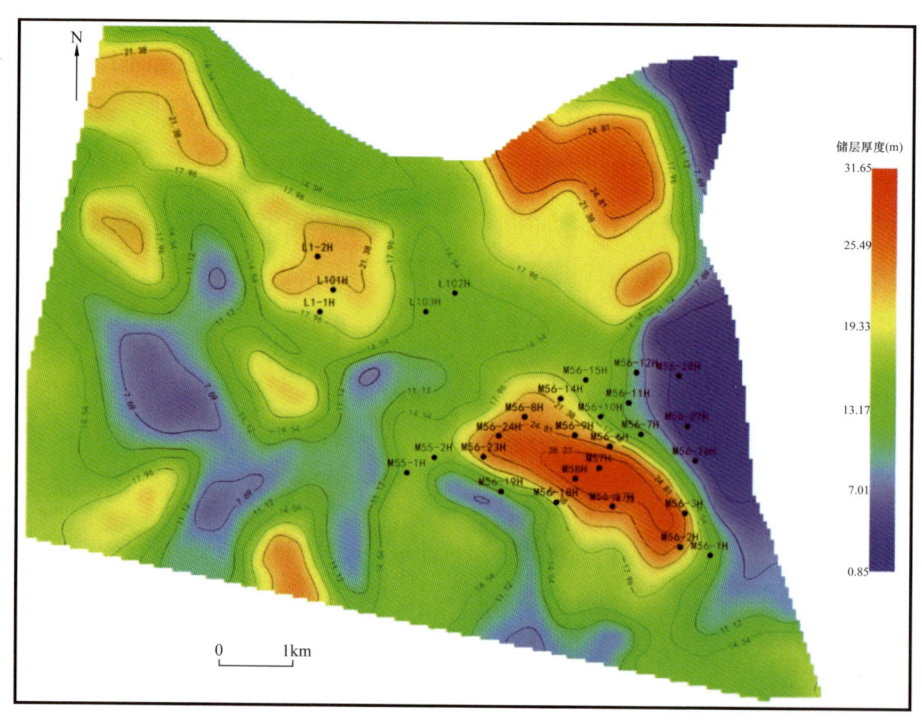

图6-49　三塘湖盆地马朗凹陷M56区块条湖组储层厚度图

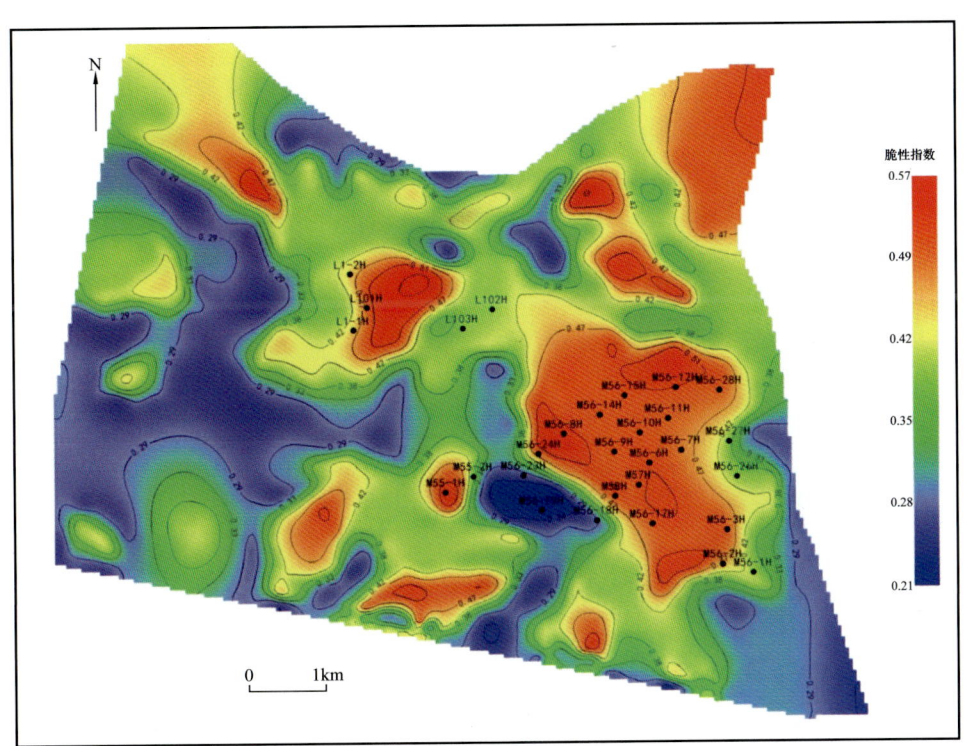

图 6-50　三塘湖盆地马朗凹陷 M56 区块条湖组脆性指数图

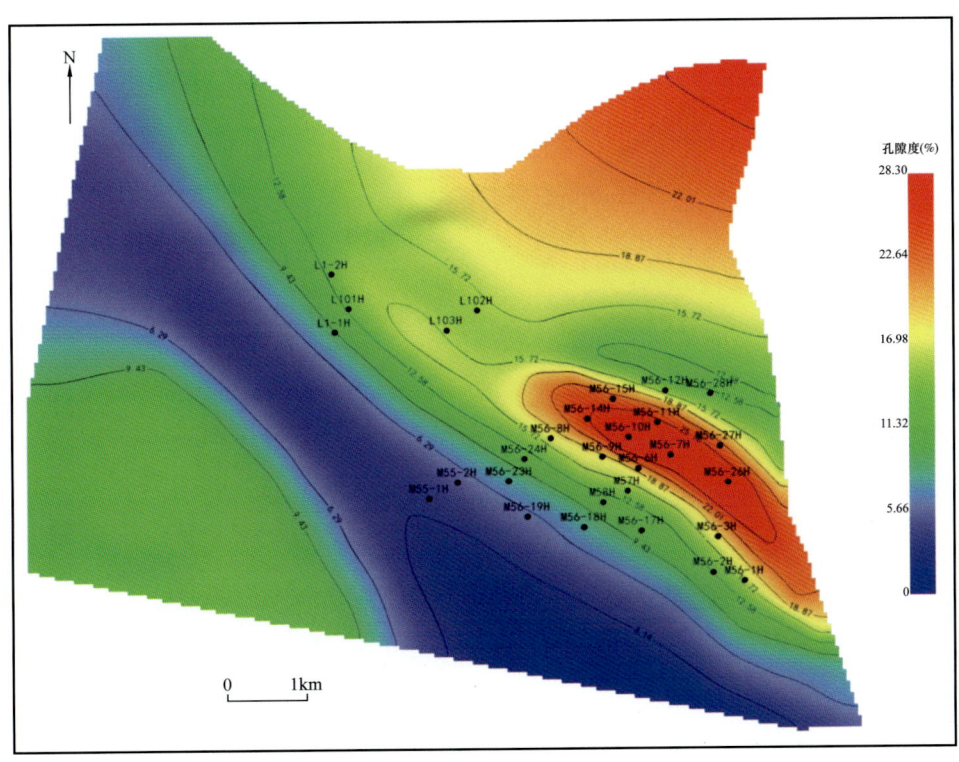

图 6-51　三塘湖盆地马朗凹陷 M56 区块条湖组孔隙度图

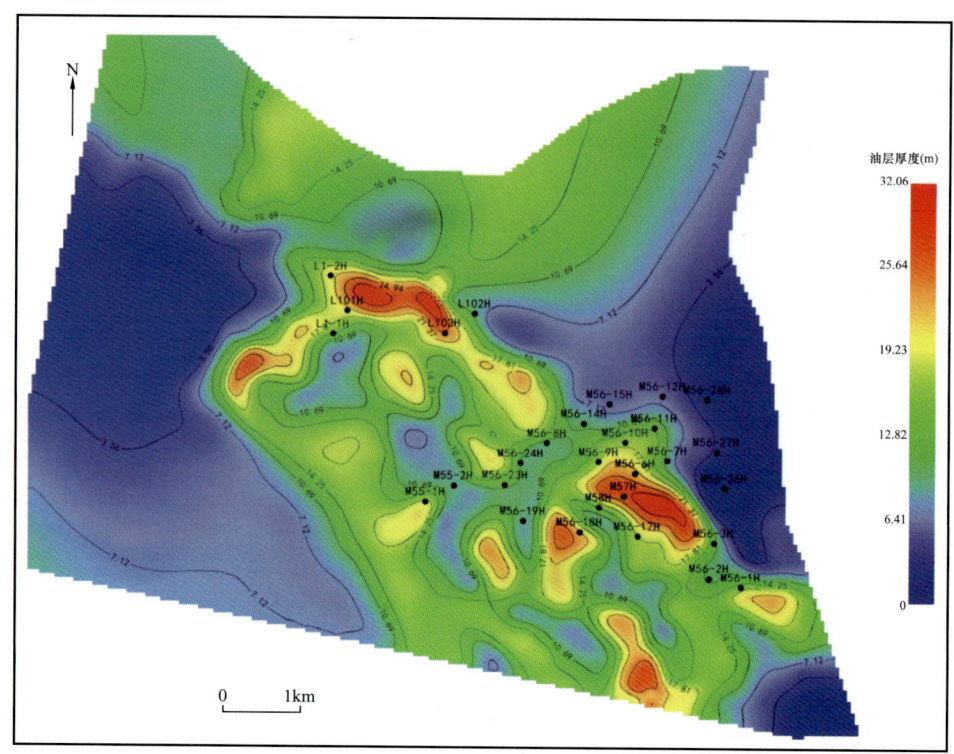

图 6-52　三塘湖盆地马朗凹陷 M56 区块条湖组油层厚度图

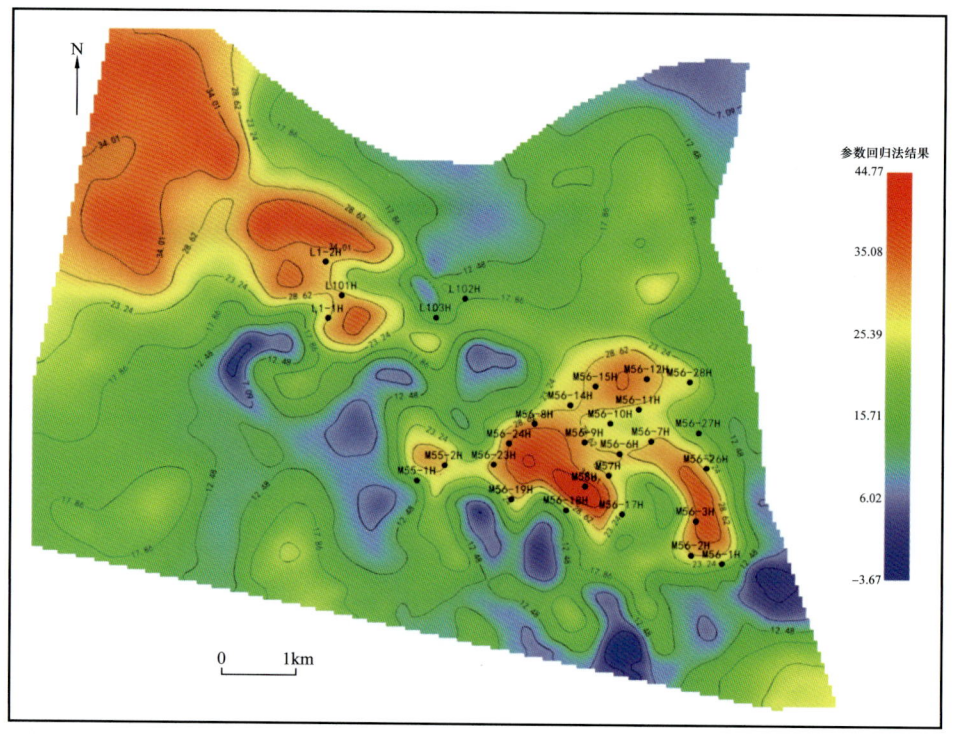

图 6-53　三塘湖盆地马朗凹陷 M56 区块条湖组"甜点"区分布图

以参数回归法"甜点"区评价结果为基础，运用基于 EUR 的致密油"甜点"区评价方法开展致密油 EUR"甜点"评价，结果显示（图 6-54），在 50 美元油价下，"甜点"区主要分布于研究区中部和西北部，面积为 27.03km^2，"甜点"资源量为 1139.0×10^{4}t。

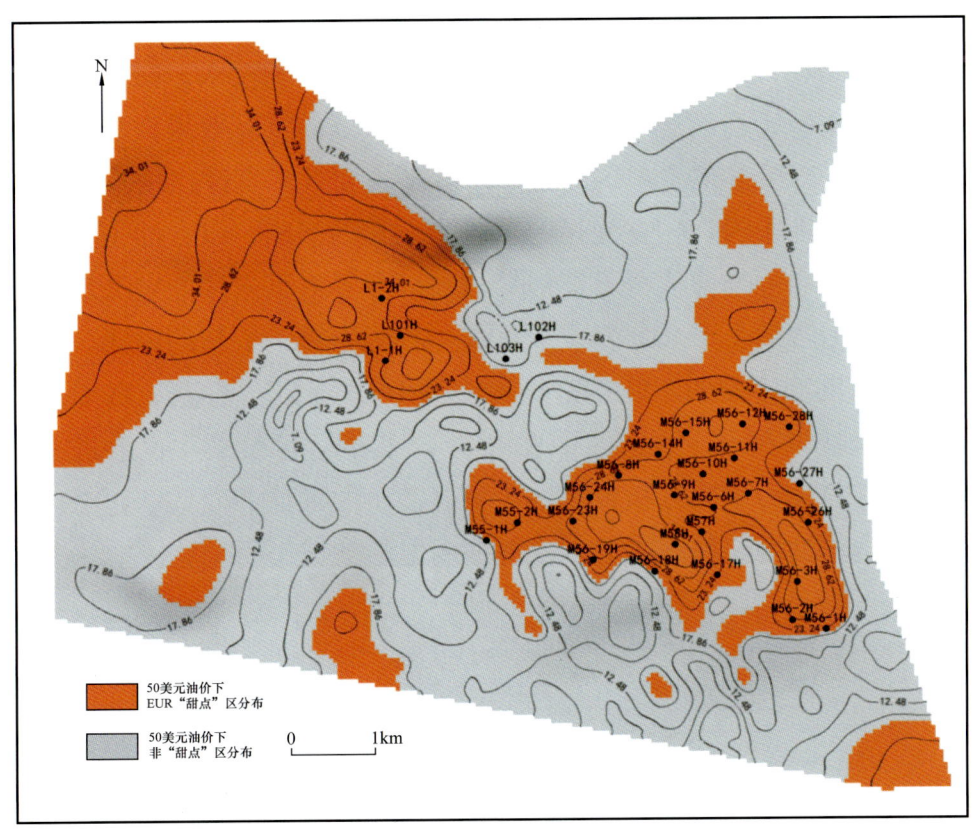

图 6-54　三塘湖盆地马朗凹陷 M56 区块条湖组 EUR"甜点"和非"甜点"区分布

结 束 语

立足国家科技重大专项，通过五年的技术攻关，形成较为完善的具有中国陆相特色的致密油"甜点"基本理论认识、评价方法和技术，在鄂尔多斯、准噶尔盆地等主要致密油区进行了应用，取得了较好的实际效果，为中国石油致密油勘探选区、部署和储量发现与计算发挥了重要技术支撑作用。

近几年来，在中国陆相盆地烃源岩较为发育的凹陷，以含油（泥）页岩作为勘探目标的页岩油勘探取得了突破性进展，业界对页岩油的定义也重新进行了界定，对页岩油的类型和"甜点"富集主控因素赋予了新的内涵。随着致密油（页岩油）勘探开发的不断推进，致密油（页岩油）"甜点"富集规律和主控因素的研究逐渐深入，致密油（页岩油）"甜点"评价技术也会进一步创新和完善，也必将助力中国陆相致密油（页岩油）的勘探开发活动迈上一个新的台阶，为我国石油增储稳产或上产发挥技术上的支撑作用。

参考文献

蔡东梅,2014.松辽盆地扶余油田泉四段沉积微相研究[J].岩性油气藏,26(5):57-63.

陈登钱,沈晓双,崔俊,等,2015.柴达木盆地英西地区深部混积岩储层特征及控制因素[J].岩性油气藏,27(5):211-217.

陈盛吉,万茂霞,杜敏,等,2005.川中地区侏罗系油气源对比及烃源条件研究[J].天然气勘探与开发,28(2):11-14.

陈世加,高兴军,王力,等,2014.川中地区侏罗系凉高山组致密砂岩含油性控制因素[J].石油勘探与开发,41(4):421-427.

陈世加,张焕旭,路俊刚,等,2015.四川盆地中部侏罗系大安寨段致密油富集高产控制因素[J].石油勘探与开发,42(2):186-193.

陈薇,郝毅,倪超,等,2016.川中下侏罗统大安寨组储层特征及控制因素[J].西南石油大学学报(自然科学版),35(5):7-14.

陈旋,刘俊田,冯亚琴,等,2018.三塘湖盆地条湖组火山湖相沉凝灰岩致密油形成条件与富集因素[J].新疆地质,36(2):246-251.

陈旋,刘小琦,王雪纯,等,2019.三塘湖盆地芦草沟组页岩油储层形成机理及分布特征[J].天然气地球科学,201(8):104-113.

陈祖庆,2014.海相页岩TOC地震定量预测技术及其应用——以四川盆地焦石坝地区为例[J].天然气工业,34(6):24-29.

谌卓恒,杨潮,姜春庆,等,2018.加拿大萨斯喀彻温省Bakken组致密油生产特征及"甜点"分布预测[J].石油勘探与开发,45(4):626-635.

崔景伟,朱如凯,李森,等,2019.坳陷湖盆烃源岩发育样式及其对石油聚集的控制——以鄂尔多斯盆地三叠系延长组长7油层组为例[J].天然气地球科学,30(7):982-996.

崔俊,李雅楠,毛建英,等,2019.英西地区裂缝系统在油气成藏过程中的作用[J].新疆石油地质,40(5):515-518.

代海涛,祁成业,阎小莉,等,2002.柴达木盆地扎哈泉地区三维地震资料解释方法研究及应用[J].石油地球物理勘探,(S1):26-30+221.

邓远,蒲秀刚,陈世悦,等,2019.细粒混积岩储层特征与主控因素分析——以渤海湾盆地沧东凹陷孔二段为例[J].中国矿业大学学报,48(6):1301-1316.

杜长鹏,2016.准噶尔盆地吉木萨尔凹陷二叠系芦草沟组致密油"甜点"预测[D].北京:中国石油大学(北京).

杜金虎,李建忠,郭彬程,等,2016.中国陆相致密油[M].北京:石油工业出版社.

杜敏,陈盛吉,万茂霞,等,2005.四川盆地侏罗系源岩分布及地化特征研究[J].天然气勘探与开发,（2）：6，26-28+80.

冯进来，胡凯，曹剑，等，2011. 陆源碎屑与碳酸盐混积岩及其油气地质意义［J］. 高校地质学报，17（2）：297-307.

付金华，2018. 鄂尔多斯盆地致密油勘探理论与技术［M］. 北京：科学出版社.

付金华，李士祥，侯雨庭，等，2020. 鄂尔多斯盆地延长组长7段Ⅱ类页岩油风险勘探突破及其意义［J］. 中国石油勘探，25（1）：78-92.

付金华，李士祥，牛小兵，等，2020. 鄂尔多斯盆地三叠系长7段页岩油地质特征与勘探实践［J］. 石油勘探与开发，47（5）：870-883.

付金华，牛小兵，淡卫东，等，2019. 鄂尔多斯盆地中生界延长组长7段页岩油地质特征及勘探开发进展［J］. 中国石油勘探，24（5）：601-614.

付锁堂，王大兴，姚宗惠，2020. 鄂尔多斯盆地黄土塬三维地震技术突破及勘探开发效果［J］. 中国石油勘探，25（1）：67-77.

高朴，2016. 安边地区延长组长7段致密油藏"甜点"预测方法研究［D］. 西安：西安石油大学.

高永亮，文志刚，李威，2019. 湖相富有机质细粒沉积岩地球化学特征及其对致密油气成藏的影响——以鄂尔多斯盆地陇东地区延长组长7段为例［J］. 天然气地球科学，30（5）：129-139.

郭旭光，何文军，杨森，等，2019. 准噶尔盆地页岩油"甜点区"评价与关键技术应用——以吉木萨尔四陷二叠系芦草沟组为例［J］. 天然气地球科学，（8）：1168-1179.

郭子枫，刘春秀，雷勇刚，等，2019. 基于岩石特性的扎哈泉油田缝网压裂可行性分析［J］. 大庆石油地质与开发，38（4）：91-92.

何冰，胡明，罗玉宏，等，2010. 川中李渡—白庙地区大安寨段湖相碳酸盐岩油藏裂缝发育特征分析［J］. 复杂油气藏，3（1）：23-27.

何晓东，安菲菲，罗瑜，等，2015. 四川盆地侏罗系致密油特殊的介观孔缝储渗体［J］. 天然气勘探与开发，38（1）：40-43.

胡英杰，2018. 湖相碳酸盐岩致密油主控因素及"甜点"刻画［J］. 特种油气藏，25（6）：6-11+18.

黄成刚，关新，倪祥龙，等，2017. 柴达木盆地英西地区E_3^2咸化湖盆白云岩储集层特征及发育主控因素［J］. 天然气地球科学，28（2）：219-231.

黄成刚，李智勇，倪祥龙，等，2017. 柴达木盆地英西地区E_3^2盐类矿物成因及油气地质意义［J］. 现代地质，31（4）：779-790.

黄隆基，1995. 润湿性对岩石电阻率影响的模型估算［J］. 地球物理学报，38（3）：405-410.

黄薇，梁江平，赵波，等，2013. 松辽盆地北部白垩系泉头组扶余油层致密油成藏主控因素［J］. 古地理学报，15（5）：635-644.

黄欣芮，黄建平，孙启星，等，2016. 致密油地震处理方法研究进展［J］. 地球物理学进展，31（1）：205-216.

贾承造，邹才能，李建忠，等，2012. 中国致密油评价标准、主要类型、基本特征及资源前景［J］. 石油学报，33（3）：343-350.

蒋裕强，漆麟，邓海波，等，2010. 四川盆地侏罗系油气成藏条件及勘探潜力［J］. 天然气工业，30（3）：22-26.

匡立春，唐勇，雷德文，等，2012. 准噶尔盆地二叠系咸化湖相云质岩致密油形成条件与勘探潜力［J］. 石油勘探与开发，39（6）：700-711.

李长喜，李潮流，胡法龙，等，2020. 致密砂岩油气测井评价理论与方法［M］. 北京：石油工业出版社.

李潮流，李长喜，候雨庭，等，2015. 鄂尔多斯盆地延长组长 7 段致密储集层测井评价［J］. 石油勘探与开发，42（5）：608-614.

李潮流，周灿灿，张莉，等，2012. 一种定量评价碎屑岩储层各向异性的新方法［J］. 地球物理学进展，27（5）：2043-2050.

李大潜，1980. 有限元素法在电法测井中的应用［M］. 北京：石油工业出版社.

李登华，李建忠，汪少勇，等，2016. 四川盆地侏罗系致密油刻度区精细解剖与关键参数研究［J］. 天然气地球科学，27（9）：1666-1678.

李登华，李建忠，张斌，等，2017. 四川盆地侏罗系致密油形成条件、资源潜力与"甜点"区预测［J］. 石油学报，（7）：16-28.

李国欣，欧阳健，周灿灿，等，2006. 中国石油低电阻油层岩石物理研究与测井识别评价进展［J］. 中国石油勘探，2：43-50.

李俊武，2016. 柴西南地区古—新近系致密油储层特征及有利探区预测［D］. 成都：成都理工大学.

李森，朱如凯，崔景伟，等，2020. 鄂尔多斯盆地长 7 段细粒沉积岩特征与古环境——以铜川地区瑶页 1 井为例［J］. 沉积学报，38（3）：94-110.

李士超，张金友，公繁浩，等，2017. 松辽盆地北部上白垩统青山口组泥岩特征及页岩油有利区优选［J］. 地质通报，36（4）：654-663.

李亚锋，伍坤宇，高树芳，等，2019. 英西地区混积碳酸盐岩有效储集层评价［J］. 新疆石油地质，40（5）：520-527.

李耀华，1996. 川中金华油田大安寨段介壳灰岩储集空间演化与油气关系［J］. 成都理工大学学报：自然科学版，36（S1）：42-49.

梁世君，罗劝生，王瑞，等，2019. 三塘湖盆地二叠系非常规石油地质特征与勘探实践［J］. 中国石油勘探，24（5）：624-635.

廖明光，李仕伦，谈德辉，2001. 根据压汞曲线估算储集层渗透率的模型［J］. 新疆石油地质，22（6）：503-505.

林景晔，2004. 砂岩储集层孔隙结构与油气运聚的关系 [J]. 石油学报，25（1）：44-47.

林铁锋，康德江，姜丽娜，2019. 松辽盆地北部扶余油层致密油地质特征及勘探潜力 [J]. 大庆石油地质与开发，38（5）：94-100.

刘冬冬，张晨，罗群，等，2017. 准噶尔盆地吉木萨尔凹陷芦草沟组致密储层裂缝发育特征及控制因素 [J]. 中国石油勘探，22（4）：36-47.

刘国强，李长喜，2019. 陆相致密油岩石物理特征与测井评价方法 [M]. 北京：石油工业出版社.

刘力辉，李建海，刘玉霞，2013. 地震物相分析方法与"甜点"预测 [J]. 石油物探，52（4）：432-437.

柳波，吕延防，赵荣，等，2012. 三塘湖盆地马朗凹陷芦草沟组泥页岩系统地层超压与页岩油富集机理 [J]. 石油勘探与开发，39（6）：699-705.

陆大卫，施振飞，2005. 中国石油学会第十四届测井年会论文集 [M]. 北京：石油工业出版社.

罗蛰潭，王允诚，1986. 油气储集层的孔隙结构 [M]. 北京：科学出版社.

马洪，李建忠，杨涛，等，2014. 中国陆相湖盆致密油成藏主控因素综述 [J]. 石油实验地质，36（6）：668-677.

马剑，2016. 马朗凹陷条湖组含沉积有机质凝灰岩致密油成储—成藏机理 [D]. 北京：中国石油大学（北京）.

马克，侯加根，刘钰铭，等，2017. 吉木萨尔凹陷二叠系芦草沟组咸化湖混合沉积模式 [J]. 石油学报，38（6）：636-648.

马强，白国娟，闫立纲，2017. 三塘湖盆地芦草沟组致密储层特征及其"甜点"选择 [J]. 新疆石油天然气，13（1）：1-5+107.

孟祥振，刘聃，孟旺才，等，2018. 鄂尔多斯盆地西南部延长组长7段致密油地质"甜点"评价 [J]. 特种油气藏，25（6）：94-99.

倪超，郝毅，厚刚福，等，2012. 四川盆地中部侏罗系大安寨段含有机质泥质介壳灰岩储层的认识及其意义 [J]. 海相油气地质，19（2）：49-60.

倪祥龙，黄成刚，杜斌山，等，2019. 盆缘凹陷区"甜点"储层主控因素与源下成藏模式——以柴达木盆地扎哈泉地区渐新统为例 [J]. 中国矿业大学学报，48（1）：153-164.

宁云才，钟敏，魏漪，等，2017. 低油价下致密油资源经济效益评价研究 [J]. 中国矿业，26（2）：51-57+65.

欧阳健，2002. 油藏中饱和度—电阻率分布规律研究—深入分析低阻油层基本成因 [J]. 石油勘探与开发，29（3）：44-47.

欧阳健，王贵文，吴继余，等，1999. 测井地质分析与油气层定量评价 [M]. 北京：石油工业出版社.

蒲秀刚,金凤鸣,韩文中,等,2019.陆相页岩油"甜点"地质特征与勘探关键技术——以沧东凹陷孔店组二段为例[J].石油学报,40(8):997-1012.

邱振,施振生,董大忠,等,2016.致密油源储特征与聚集机理——以准噶尔盆地吉木萨尔凹陷二叠系芦草沟组为例[J].石油勘探与开发,43(6):928-939.

石金华,2016.柴西南扎哈泉地区致密油形成机理及分布预测[D].北京:中国地质大学(北京).

石金华,杨成,龙国徽,等,2016.扎哈泉地区上干柴沟组砂岩储层致密化原因探讨[J].科学技术与工程,16(16):35-42.

石强,李剑,李国平,等,2004.利用测井资料评价生油岩指标的探讨[J].天然气工业,24(9):30-32.

司朝年,邬兴威,夏东领,等,2015.致密砂岩油"甜点"预测技术研究——以渭北油田延长组长3油层为例[J].地球物理学进展,30(2):664-671.

斯春松,陈能贵,余朝丰,等,2013.吉木萨尔凹陷二叠系芦草沟组致密油储层沉积特征[J].石油实验地质,35(5):528-533.

孙玮,李智武,张葳,等,2014.四川盆地中北部大安寨段油气勘探前景[J].成都理工大学学报(自然科学版),41(1):1-7.

唐振兴,赵家宏,王天煦,2019.松辽盆地南部致密油"甜点区(段)"评价与关键技术应用[J].天然气地球科学,30(8):1114-1124.

田继先,曾旭,易士威,等,2016.咸化湖盆致密油储层"甜点"预测方法研究:以柴达木盆地扎哈泉地区上干柴沟组为例[J].地学前缘,23(5):193-201.

田明智,刘占国,宋光永,等,2019.柴达木盆地扎哈泉地区致密油有效烃源岩识别与预测[J].新疆石油地质,40(5):536-542.

汪海燕,2009.松辽盆地北部中央坳陷区泉头组四段层序地层及沉积演化研究[D].成都:成都理工大学.

王栋,姜在兴,贾孟强,等,2004.利用核磁共振测井资料进行烃源岩评价[J].西安石油大学学报,19(2):29-32.

王方雄,侯英姿,夏季,2002.烃源岩测井评价新进展[J].测井技术,26(2):89-93.

王海峰,2013.柴达木盆地扎哈泉地区N1油藏地质特征研究[D].成都:西南石油大学.

王海峰,王金钢,蒋春光,等,2014.柴达木盆地扎哈泉地区N1油藏下段储层特征及主控因素[J].中国石油和化工标准与质量,34(1):195-196.

王琳,吴海,王科,等,2017.柴达木盆地西部扎哈泉地区油气成藏过程[J].科学技术与工程,17(34):202-209.

王文广,林承焰,郑民,等,2018.致密油/页岩油富集模式及资源潜力——以黄骅坳陷沧东凹陷孔二段为例[J].中国矿业大学学报,47(2):332-344.

王雪,冯子辉,宋兰斌,等,2009.松辽盆地北部生物气成藏特征和资源潜力[J].地质科学，44（2）：444-456.

王永炜，李荣西，王震亮，等，2019. 鄂尔多斯盆地南部延长组长7段致密油成藏条件与富集主控因素［J］. 西北大学学报（自然科学版），49（1）：144-154.

王震亮，2013. 致密岩油的研究进展、存在问题和发展趋势［J］. 石油实验地质，35（6）：587-595.

魏海峰，凡哲元，袁向春，2013. 致密油藏开发技术研究进展［J］. 油气地质与采收率，20（2）：62-66.

魏恒飞，关平，王鹏，等，2019. 柴达木盆地滩坝沉积特征、成因及沉积模式：以扎哈泉地区上干柴沟组为例［J］. 高校地质学报，25（4）：568-577.

吴胜和，1998. 油气储层地质学［M］. 北京：石油工业出版社.

吴颜雄，薛建勤，杨智，等，2018. 柴西地区扎哈泉致密油储层特征及评价［J］. 世界地质，37（4）：179-188.

蒽克来，操应长，朱如凯，等，2015. 吉木萨尔凹陷二叠系芦草沟组致密油储层岩石类型及特征［J］. 石油学报，36（12）：1495-1507.

夏晓敏，吴颜雄，张审琴，等，2019. 湖相滩坝砂体构型及对致密油"甜点"开发的意义——以柴达木盆地扎哈泉地区扎2井区为例［J］. 天然气地球科学，30（8）：1158-1167.

夏志远，刘占国，李森明，等，2017. 岩盐成因与发育模式——以柴达木盆地英西地区古近系下干柴沟组为例［J］. 石油学报，38（1）：55-66.

肖立志，陆大卫，柴细元，等，2001. 核磁共振测井资料解释与应用导论［M］. 北京：石油工业出版社.

谢玉洪，刘力辉，陈志宏，2010. 中国南海地震沉积学研究及其在岩性预测中的应用［M］. 北京：石油工业出版社.

修立军，李国欣，欧阳健，等，2006. 松辽盆地南部低阻油层分布规律及勘探潜力分析［J］. 中国石油勘探，11（5）：7-9.

徐永强，2019. 鄂尔多斯盆地陇东地区长7致密砂岩储层微观孔喉特征及分类评价研究［D］. 西安：西北大学.

徐永强，何永宏，陈小东，等，2019. 鄂尔多斯盆地陇东地区长7致密储层微观孔喉特征及其对物性的影响［J］. 地质与勘探，55（3）：870-881.

许琳，常秋生，杨成克，等，2019. 吉木萨尔凹陷二叠系芦草沟组页岩油储层特征及含油性［J］. 石油与天然气地质，40（3）：535-549.

许晓宏，黄海平，1998. 测井资料与烃源岩有机碳含量的定量关系研究［J］. 江汉石油学院学报，20（3）：8-12.

鄢继华，邓远，蒲秀刚，等，2017. 渤海湾盆地沧东凹陷孔二段细粒混合沉积岩特征及控制因素［J］. 石油与天然气地质，38（1）：98-109.

杨光, 黄东, 黄平辉, 等, 2017. 四川盆地中部侏罗系大安寨段致密油高产稳产主控因素 [J]. 石油勘探与开发, 44 (5): 817-826.

杨华, 牛小兵, 徐黎明, 等, 2016. 鄂尔多斯盆地三叠系长7段页岩油勘探潜力 [J]. 石油勘探与开发, 43 (4): 511-520.

杨慧钰, 2016. 古龙凹陷高台子油层致密油成藏主控因素研究 [D]. 大庆: 东北石油大学.

杨瑞召, 赵争光, 庞海玲, 等, 2012. 页岩气富集带地质控制因素及地震预测方法 [J]. 地学前缘, 19 (5): 339-347.

杨通佑, 1998. 石油及天然气储量计算方法 (第二版) [M]. 北京: 石油工业出版社.

杨晓萍, 邹才能, 陶士振, 等, 2005. 四川盆地上三叠统—侏罗系含油气系统特征及油气富集规律 [J]. 中国石油勘探, 9 (2): 6+23-30.

杨智, 侯连华, 林森虎, 等, 2018. 吉木萨尔凹陷芦草沟组致密油、页岩油地质特征与勘探潜力 [J]. 中国石油勘探, (4): 76-85.

杨智, 侯连华, 陶士振, 等, 2015. 致密油与页岩油形成条件与"甜点"区评价 [J]. 石油勘探与开发, 42 (5): 555-565.

雍世和, 张超谟, 1996. 测井数据处理与综合解释 [M]. 东营: 石油大学出版社.

袁晓宇, 2019. 柴达木盆地英西地区古近系下干柴沟组上段沉积与成岩作用 [D]. 兰州: 兰州大学.

岳炳顺, 黄华, 陈彬, 等, 2005. 东濮凹陷测井烃源岩评价方法及应用 [J]. 石油天然气学报, 27 (3): 351-354.

曾富强, 郝建飞, 宋连腾, 等, 2015. 快弯曲波方位差异判断各向异性类型的方法及其应用 [J]. 石油学报, 36 (4): 457-468.

曾维主, 宋之光, 曹新星, 2018. 松辽盆地北部青山口组烃源岩含油性分析 [J]. 地球化学, 47 (4): 345-353.

查明, 苏阳, 高长海, 等, 2017. 致密储层储集空间特征及影响因素——以准噶尔盆地吉木萨尔凹陷二叠系芦草沟组为例 [J]. 中国矿业大学学报, (1): 88-98.

张道伟, 马达德, 伍坤宇, 等, 2019. 柴达木盆地致密油"甜点区(段)"评价与关键技术应用——以英西地区下干柴沟组上段为例 [J]. 天然气地球科学, 30 (8): 1134-1149.

张庚骥, 1986. 电法测井: 下册 [M]. 北京: 石油工业出版社.

张国印, 王志章, 郭旭光, 等, 2015. 准噶尔盆地乌夏地区风城组云质岩致密油特征及"甜点"预测 [J]. 石油与天然气地质, 36 (2): 49-59.

张金川, 金之钧, 庞雄奇, 等, 2000. 深盆气成藏条件及其内部特征 [J]. 石油实验地质, 22 (3): 210-214.

张金友, 2016. 陆相坳陷盆地烃源岩内致密砂岩储层含油性主控因素——以松辽盆地北部中央坳陷区齐家凹陷高台子油层为例 [J]. 沉积学报, 34 (5): 992-999.

张哨楠, 丁晓琪, 2010. 鄂尔多斯盆地南部延长组致密砂岩储层特征及其成因 [J]. 成都理工大学学报（自然科学版），37（4）：386-394.

张顺，付秀丽，张晨晨，2011. 松辽盆地泉头组及青山口组沉积演化与成藏响应［J］. 石油天然气学报，33（1）：6-10+164.

张先强，2018. 中区西部高台子薄差油层可压性及对应压裂实验研究［D］. 大庆：东北石油大学.

张新顺，王红军，马锋，等，2015. 致密油资源富集区与"甜点"区分布关系研究——以美国威利斯顿盆地为例［J］. 石油实验地质，37（5）：619-626.

张志伟，张龙海，2000. 测井评价烃源岩的方法及其应用效果［J］. 石油勘探与开发，27（3）：84-87.

赵波，尹淑敏，张顺，等，2009. 松辽盆地中央坳陷滨北地区上白垩统青山口组沉积相与沉积演化［J］. 古地理学报，11（3）：293-300.

赵贤正，周立宏，蒲秀刚，等，2019. 断陷湖盆湖相页岩油形成有利条件及富集特征——以渤海湾盆地沧东凹陷孔店组二段为例［J］. 石油学报，40（9）：1013-1029.

赵贤正，周立宏，赵敏，等，2019. 陆相页岩油工业化开发突破与实践——以渤海湾盆地沧东凹陷孔二段为例［J］. 中国石油勘探，24（5）：589-600.

赵政璋，杜金虎，等，2012. 致密油气［M］. 北京：石油工业出版社.

支东明，唐勇，杨智峰，等，2019. 准噶尔盆地吉木萨尔凹陷陆相页岩油地质特征与聚集机理［J］. 石油与天然气地质，40（3）：78-88.

中国石油勘探与生产公司，2006. 低阻油气藏测井识别评价方法与技术［M］. 北京：石油工业出版社.

中国石油勘探与生产公司，2009. 低孔低渗油气藏测井评价技术及应用［M］. 北京：石油工业出版社.

钟尚伦，孟述，杨永岩，等，2013. 柴达木盆地跃进四号—扎哈泉地区层序划分和沉积相特征［J］. 新疆石油地质，34（1）：53-55.

周宾，关平，魏恒飞，等，2017. 柴达木盆地扎哈泉地区致密油新类型的发现及其特征［J］. 北京大学学报（自然科学版），53（1）：37-49.

周灿灿，刘堂晏，马在田，等，2006. 应用球管模型评价岩石孔隙结构［J］. 石油学报，27（1）：92-96.

周灿灿，欧阳健，李长喜，2004. 渤海湾陆上油田低电阻率油层成因机理及其识别评价技术研究［C］// 中国石油地质年会论文集. 北京：石油工业出版社.

周立宏，蒲秀刚，肖敦清，等，2018. 渤海湾盆地沧东凹陷孔二段页岩油形成条件及富集主控因素［J］. 天然气地球科学，29（9）：1323-1332.

周丽萍，2015. 准噶尔盆地吉木萨尔凹陷致密油储层预测及评价技术研究［D］. 成都：西南石油大学.

朱光有，金强，2003. 利用测井信息评价烃源岩的地球化学特征［J］. 地学前缘，10（2）：

494.

朱如凯, 吴松涛, 苏玲, 等, 2016. 中国致密储层孔隙结构表征需注意的问题及未来发展方向[J]. 石油学报, 37（11）: 1323-1336.

朱如凯, 邹才能, 吴松涛, 等, 2019. 中国陆相致密油形成机理与富集规律[J]. 石油与天然气地质, 40（6）: 1168-1184.

朱永才, 姜懿洋, 吴俊军, 等, 2017. 吉木萨尔凹陷致密油储层物性定量预测[J]. 特种油气藏, 24（4）: 42-47.

朱玉双, 2006. 白豹地区长8储层综合评价[R]. 内部报告.

朱振宇, 刘洪, 李幼铭, 2003. ΔlgR 技术在烃源岩识别中的应用与分析[J]. 地球物理学进展, 18（4）: 647-649.

朱志军, 陈洪德, 胡晓强, 等, 2010. 川西前陆盆地侏罗纪层序地层格架、沉积体系配置及演化[J]. 沉积学报, 28（3）: 451-461.

邹才能, 朱如凯, 白斌, 等, 2015. 致密油与页岩油内涵、特征、潜力及挑战[J]. 矿物岩石地球化学通报, 34（1）: 3-17.

Alpaydin E, 2004. Introduction to Machine Learning[M]. Cambridge: MIT Press.

Cooper Smith, Burkholder E K, Schulze J, 2013. Valuing seismic at the drilling program level for sweet spot identification in unconventional resource plays–A tutorial via a representative example[J]. Interpretation, 1（2）: SB125-SB130.

Damodaran A, 2005. Valuation approaches and metrics: a survey of the theory and evidence[J]. Found. Trends Finance, 1: 693-784.

Dowdell B L, Kwiatkowski J T, Marfurt K J, 2013. Seismic characterization of a Mississippi Lime resource play in Osage County, Oklahoma, USA[J]. Interpretation, 1（2）: SB97-SB108.

EIA, 2020. Short-Term Energy Outlook[EB/OL]. https://www.eia.gov/outlooks/steo/pdf/steo_full.pdf (accessed 17 June 2020).

EIA, 2013. Technically recoverable shale oil and shale gas resources: An assessment of 137 shale formations in 41 countries outside the United States[EB/OL]. http://www.eia.gov/analysis/studies/worldshalegas.

Flach P A, 2012. Machine learning. The art and science of algorithms that make sense of data[M]. Cambridge: Cambridge University Press.

Ghanizadeh A, Clarkson C R, Aquino S, et al, 2015. Petro-physical and geomechanical characteristics of Canadian tight oil and liquid-rich gas reservoirs: I. Pore network and permeability characterization[J]. Fuel, 153: 664-681.

Guo Z Q, Chapman M, Li X Y, 2012. A shale rock physics model and its application in the prediction of brittleness index, mineralogy, and porosity of the Barnet Shale[J]. SEG

Expanded Abstracts, 31: 1-5.

Gupta N, Sarkar S, Marfur K J, 2013. Seismic attribute driven integrated characterization of the Woodford Shale in west-central Oklahoma [J]. Interpretation, 1 (2): SB85-SB96.

Hartenergy, 2014. North American shale quarterly [EB/OL]. http://nasq.hartenergy.com/.

Jin X, Shah S N, Roegiers J C, et al, 2015. Fracability evaluation in shale reservoirs-an integrated petrophysics and geomechanics approach [J]. SPE Journal, 20 (3): 518-526.

Kilian L, 2009. Not all oil price shocks are alike: Disentangling demand and supply shocks in the crude oil market [J]. The American Economic Review, 99: 1053-1069.

Magara K, 1978. Compaction and Fluid Migration Practical Petroleum Geology [M]. Amsterdam: Elsevier.

Passey Q R, Bohacs K M, et al, 2010. From oil-prone source rock to gas-producing shale reservoir—geologic and petrophysical characterization of unconventional shale-gas reservoirs [J]. SPE131350.

Rickman R, Mullen M J, Petre J E, et al, 2008. A practical use of shale petrophysics for stimulation design optimization: all shale plays are not clones of the Barnett Shale [J]. Colorado, USA: Society of Petroleum Engineers.

Sharma R K, Chopra S, Vernengo L, et al, 2015. Reducing uncertainty in characterization of Vaca Muerta Formation Shale with poststack seismic data [J]. The Leading Edge, 34 (12): 1462-1467.

Wachtmeister H, Lund L, Aleklett K, et al, 2017. Production Decline Curves of Tight Oil Wells in Eagle Ford Shale [J]. Natural Resources Research, 26 (3): 365-377.

Zhao H, Givens N B, Curtis B, 2007. Thermal maturity of the Barnett Shale determined from well-log analysis [J]. AAPG Bulletin, 91 (4): 535-549.